圖解系統傢具裝潢術

輕鬆住進跟雜誌一樣美的家

目錄頁

編輯手記

做好計劃，可以不只是系統傢具

裝潢過程中木作工程佔了相當大的比例，然而隨著現代人愈來愈注重環保與居家環境健康，且講求快速裝潢的要求下，系統傢具逐漸在居家裝潢中被大量使用，但由於尺寸制式化，因此一般人對系統傢具的刻板印象不外乎是單調、設計感不足。其實隨著時間的演進，系統傢具藉由板材的樣式增加，以及額外加工方式，不只在外型上有了更多選擇與變化，隨著設計師的巧妙運用，更能創造出有如專屬訂製的設計與造型，甚至且將系統板材運用延伸到天花、牆面等位置。

但許多希望以系統傢具進行裝潢的人，對於使用系統傢具仍有一定的疑慮，因此本書一開始便以步驟做章節分類，利用步驟順序帶領讀者從抓預算開始，第一步先學會費用應該怎麼算，板材、五金和門片，貴和便宜到底差在哪裡？解析關於價錢的各種難題；接著教你如何尋找適合的合作廠商，大眾品牌、設計師和工廠直營，如何選擇最適合自己的類型？最後的空間規劃與風格挑選，大量提供圖片案例，讓讀者從中找到如何有效運用空間又能打造具設計感的家的靈感。

另外，貼心的裝潢流程 check，是在開始前先行提示讀者裝潢流程順序，帶你把過程簡單走一遍，不用害怕走錯步驟，輕鬆打造理想居家。

圖片提供 沐澄設計

圖片提供 法蘭德室內設計

系統傢具裝潢流程CHECK!

想要用系統傢具做裝潢，但是卻不知從何開始？第一步應該做什麼？裝潢的流程順序應該怎麼做才對？在這裡我們將流程簡化，step by step從第一步到最後完工，教你快速學會、做對系統傢具裝潢流程。

步驟	執行事項	執行內容
1 裝潢前的準備	依照個性、需求尋找適合的設計者	裝潢前建議先仔細了解、分析自己的個性與需求，尋找適合的裝潢方式。對於家中裝潢已有基礎想法的人，需要能幫忙整合的角色，這樣的人適合找系統傢具設計師，透過系統設計師的協助將想法實現。若對裝潢完全沒有想法，也沒有時間思考的人，則可以考慮找設計師幫忙，把一切細節交由設計師打理較妥當。
2 預算分配	預算分配與規劃	裝潢預算計算：很多首購族會將預算全部花在買屋，等到交屋後才發現忘了預留裝修費用，建議評估自身經濟狀況，預留房價1／10～2／10的預算做為裝修費用。 木作預算計算：木作工程通常佔裝修費用的30％左右，若以系統傢具裝潢取代木作，便可以此粗略推算出系統傢具可運用的費用。 系統傢具預算計算：系統傢具大致上由五金、板材、門片所組成，費用會因為使用的等級高低而有落差，可先粗略分配每項估比，才不會超出預算太多。

3 尋找廠商	4 設計規劃討論	5 施作驗收
廠商類型評估	施作空間及風格確認	施作前後都需做驗收
系統傢具廠商大致上可分為大眾品牌、工廠直營以及設計師這三大類，每一種有其優缺點，應先仔細了解、評估，並與此同時做詢價，之後再決定選擇適合自己的廠商合作。	自行確認或與設計師討論，預計施作空間以及數量。系統傢具的門片將影響櫃體整體呈現，因此應先確認居家風格後，再選擇適合的款式、花紋及顏色。	在施作前板材運到現場時，應先做驗收，如封邊條是否有明顯破口等，施作完成後，則需就交接處、門片等仔細驗收。

Step 1

抓預算

從五金、板材到門片，
百變組合隨意拼出理想
的好預算

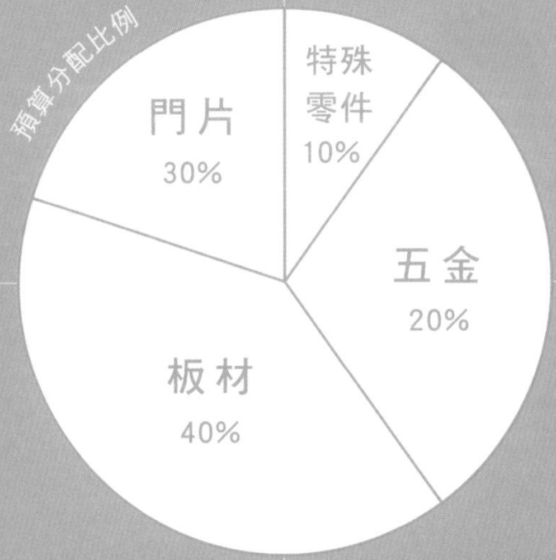

系統傢具的費用大致是由板材、門片、五金構成，會依選擇的款式、等級，連帶影響總價高低；因此想利用系統傢具做裝潢，首先應該了解系統傢具的板材、門片、五金的價格，搞懂貴與便宜的差異，藉此可精準掌控預算，打造出CP值高又符合心中理想的系統傢具。

抓預算最容易發生的NG行為

NG

用沒幾次，抽屜就卡卡的不順暢!?

以為五金選次級品可以省錢，結果用沒幾次開關不順，抽屜竟然還塌陷！

OK

親自試用感受五金品質

五金好壞關係著系統傢具是否好用，建議多詢價做比較，並在現場試用實品，像是櫃子開關順暢度、緩衝裝置速度快慢、聲音大小等，以此辨別品質好壞差別。

NG

便宜板材飄出刺鼻怪味？

想說板材都差不多，所以用了產地不明的便宜板材，完工後出現怪味，而且久久無法散去!?

OK

CNS檢測通過，用得才安心

使用來路不明的板材，可能因甲醛含量不明或過高，散發濃烈刺鼻味，而影響健康，應選用經政府單位CNS驗測通過系統板材，才能確保居家健康與安全。

NG

想要造型變化，價格跟著無限追加？

櫃子想做造型搭配空間風格，不斷追加預算，完成金額和一開始的報價差很多？

OK

系統、木作比過價再決定

有既定板材規格與樣式的系統櫃，若想加工打造專屬造型，會視其施工、用料逐一加價，若櫃體造型變化較多，建議可先與木作做比價，再從兩者做選擇。

NG

系統傢具不是應該很便宜？

板材和五金都用比較好的，結果做完還比木作貴？

OK

板材、尺寸、五金決定價格高低

雖然系統傢具省了上漆、木作師傅工錢，但若使用等級較高的板材、五金，或者櫃體超過標準尺寸，那麼等級的價差及用料增加，最後完成總價不見得便宜，甚至可能比木作貴。

圖片提供 伸保木業

圖片提供 伸保木業

五金

魔鬼藏在細節裡，好開、好拉，用得順手全看他

項目	特色	計價方式
滑軌	輔助開拉抽屜的五金，有各種功能可選擇。如：全展、半展式開啟角度，或可加裝緩衝，減輕開關力道。以組計價，價格會依尺寸、開展方式、安裝位置、有無緩衝功能、產地而有所差異。	一組約 NT. 200～2,000 元左右
鉸鍊	連接門片用途，需依門片尺寸決定安裝數量。可選擇開啟角度，其角度可分成 90 度、110 度、165 度等。	以個計價。依照產地、銜接材質、有無緩衝功能而定。約 NT.50～250 元／個左右。
拍拍手	按壓就能開啟門片的裝置，可達到平整櫃面視覺效果。可依開啟門片的深度選擇不同種類拍拍手。	以個計價。國產拍拍手約 NT.50～60 元／個，歐洲品牌約 NT.400～500 元／個。
門把	依照風格、材質和樣式選擇。一般來說矮櫃或抽屜可選擇球型或嵌入式把手，高櫃則選用長形把手，較好施力。	以個或組計價。價格差異較大，造型、材質、做工、產地都會影響價格高低。
拉門	軌道依照結構可分成內嵌式和外掛式。可依需求選擇靜音、緩衝裝置等。	以套計價，包含軌道和連接門片的滾輪等。
撐桿	用來固定門片開闔角度的五金，多用於廚房吊櫃、臥榻收納、掀床等。撐桿須支撐門片重量，因此是否有足夠承重力是挑選關鍵。	以支計價，依照產地、功能而定。一支約 NT.300～600 元左右，電動式價格則更高。

選擇系統傢具時，五金的品質優劣往往取決日後是否用的順手長久。消費者可給予廠商所需條件，像是有無緩衝功能、進口或國產、使用年限等來尋找適合的產品，國產五金水準不一定比較差，端看是否達到自身需求和目的，若居住時間不長，不想花太多預算，一般國產五金就能滿足。若有足夠預算，精密度高的進口五金使用上會更為順暢。

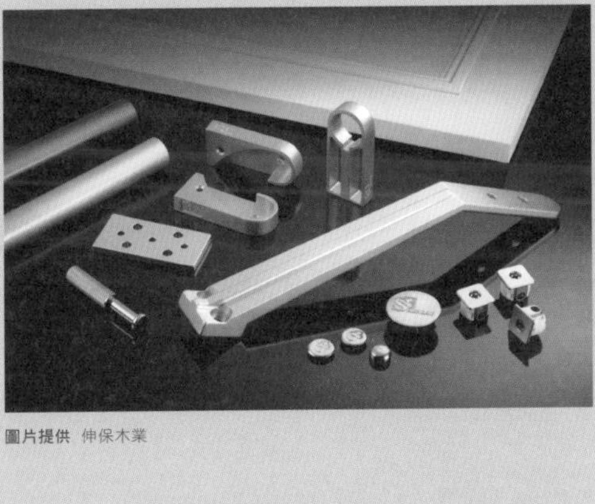

圖片提供 伸保木業

滑軌

滑軌向來是傢具中常用的五金要角，用於開拉抽屜，讓開闔更加順暢。依照開展的尺度可分成全展、半展；依照安裝位置，又可分成側軌和隱藏式滑軌，並再搭配有無緩衝功能。全展的隱藏式滑軌拉出時可看到抽屜全貌，而滑軌又能隱藏在下方，不僅方便使用也較美觀，但容易有承重的問題。

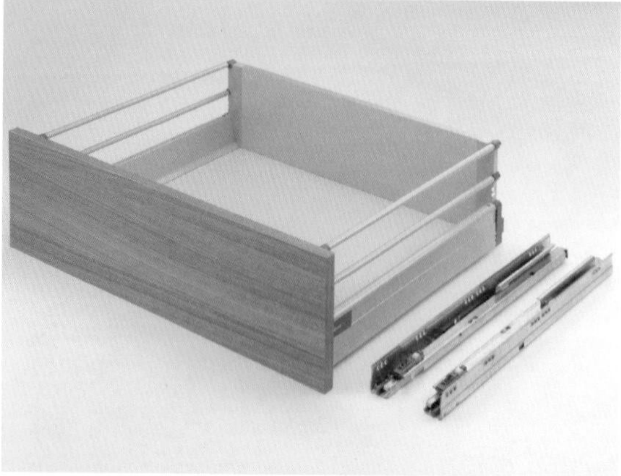

圖片提供 伸保木業

產地	特色	價格
台灣	尺寸從20～80cm都有，可達客製目的。品質有一定水準，價格平實。	依功能而定，約NT.200～1,000元左右
德國、奧地利	多為30、35、50cm等尺寸，精密度和順暢度高，使用較為順手。	依功能而定，隱藏式緩衝滑軌約在NT.2,000元／組以上

Q 怎麼挑

Point 1 對於一般抽屜的開拉需求，國產滑軌就足以滿足需求，進口滑軌精密度高，抽拉順暢度也較順手，但價格也相對較高。因此可依自身需求、使用年限、預算等衡量。

Point 2 可於賣場試開抽屜，確認滑軌順暢度。試試大力關起抽屜，確保緩衝功能能否順利運作，緩衝式滑軌能降低開關時的噪音，並能避免過度用力開闔縮短五金使用壽命。緩衝裝置是利用彈簧伸縮，用久可能鬆弛，挑選時可注意是否有保固。

Point 3 依照尺寸、功能需求來選擇。一般滑軌尺寸以每5cm為單位，最常用的尺寸為50cm，通常用在衣櫃。目前發展出裝在抽屜下方的隱藏式滑軌，雖然美觀，但用久可能會有承重問題，挑選時可再多方考慮。

Q 費用怎麼算

以組計價。依照尺寸、開展方式、安裝位置、有無緩衝功能、產地等取決價格高低。一組50cm長無緩衝國產滑軌約NT.200元，有緩衝為NT.350元；國產隱藏式緩衝滑軌約NT.800～1,000元。一組歐洲進口隱藏式緩衝滑軌，價格約在NT.2,000元以上。

鉸鍊

對於經常開啟的系統櫃來說，鉸鍊向來是銜接門片的最佳幫手。鉸鍊可依使用位置分為外掛和內建式，並可選用是否有緩衝功能。大部分使用內建式鉸鍊較多，外掛式鉸鍊承載力較高但較不美觀；緩衝鉸鍊能有效減輕關門力道，可降低音量也能延長使用年限。由於必須支撐門片重量，因此如果鉸鍊品質不好或安裝數量不足，門片容易變形，選擇時不可不慎。

攝影 江建勳

產地	特色	價格
台灣	價格平易，具有一定品質。	依照功能而定，約在NT.50～110元不等。
德國、奧地利	歐洲進口鉸鍊精密度高，開啟順暢度較好，但價格較貴。	依照功能而定，約在NT.70～250元不等。玻璃門專用的鉸鍊約為NT.400元左右。

Q 怎麼挑

Point 1 依照銜接門片厚度、開闔幅度、銜接材質、產地而挑選。一般鉸鍊開闔角度可分成90度、110度、165度，上掀櫃門片多用90度鉸鍊，衣櫃、餐櫃等多為110度，若是在L型櫃體轉角處，建議選用165度的鉸鍊，開闔幅度更大。玻璃門需使用專屬鉸鍊，有不鏽鋼和鐵鍍鉻兩種材質可選擇。

Point 2 鉸鍊是維持門片與櫃體的接合，一旦門片過重，鉸鍊就會因無法承受，造成鬆脫或門片歪斜情形。因此需依門片高度適時加裝鉸鍊數量，各家廠商標準不一，但大多在90cm高以內使用2個鉸鍊，有些廠商會在112cm高的門片上安裝3個鉸鍊，超過144cm高則裝4個。

Point 3 檢查五金表面是否有受損。在安裝完後建議多開幾次測試鉸鍊順暢度，並注意與門片接合處是否產生空隙。

Q 費用怎麼算

以個計價。會依照產地、銜接材質、有無緩衝功能而定。一個國產無緩衝鉸鍊約NT.50～60元，有緩衝為NT.100～110元。進口無緩衝鉸鍊約NT.70～80元，有緩衝鉸鍊依品牌價格約NT.120～250元不等。

門把

門把的材質和造型多元，依機能而言，有些甚至具有隱藏效果。一般門把材質可分成金屬和非金屬，金屬有銅製、不鏽鋼等，非金屬類有壓克力、木質、皮革等，多半依照櫃體造型、風格和材質來搭配。作工愈細緻，價格愈高；產地也會影響價格，國產價格較為平實，進口品則價格較高。

圖片提供 伸保木業

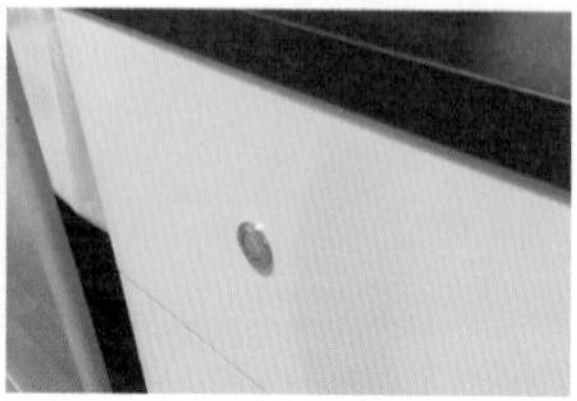

攝影 蔡竺玲　**產品提供** 歐德傢俱

項目	特色	價格
金屬製把手	有鋁合金、鋅合金、不鏽鋼、銅製等種類。表面具有金屬光澤，富有科技感與現代感。	合金類價格較低，銅製和不鏽鋼的價格較高。
非金屬製把手	有塑膠、壓克力、水晶、木頭、皮革等材質可選擇。水晶把手呈現典雅韻味；皮革把手則是時尚雅痞風。	依照材質區分，水晶把手價格較高，塑膠、壓克力價格較為平實。

Q 怎麼挑

Point 1 鋁製及鍍鋅把手為目前市場主流，原因是重量輕、價格便宜。但要注意，合金的電鍍等級有所差異。有些產品電鍍不佳，使用久了，易有褪色、掉漆問題。

Point 2 若想讓櫃面看起來平整或有避免幼兒撞傷考量，建議可選擇具隱藏效果的特殊門把，像是按壓式隱藏把手，按下後把手就能壓合收起，可避免幼兒輕易開啟，或用於衣櫃裡的抽屜。另外，嵌入式把手也能達到無門把的視覺效果。

Point 3 選用門把不僅要感受握起來的手感是否好握，還要注意是否好施力。一般高櫃會選用長形把手，視覺比例較為適當，也比較容易施力。

Q 費用怎麼算

以組或個計價。價格差異較大，造型、材質、作工、產地都會影響價格高低。一般來說，長條型門把手比球型貴，另一方面，手感愈好，光潔度愈高，價格也就愈高。

拍拍手

拍拍手，是以按壓開啟櫃門的裝置，無須門把就能達到平整櫃面視覺效果。多以磁吸式彈力裝置為主，主體安裝在櫃身靠門側，門片上安裝鐵片，使彈舌頂端吸附門片使之密合，避免產生不平整情形。安裝時需配合鉸鍊開啟角度，門片才不會過於內傾或外開，部分拍拍手彈舌可調整長度，就無須調整鉸鍊，施工更方便。

攝影 蔡竺玲　**產品提供** 歐德傢俱

產地	特色	價格
台灣	尺寸多元，可配合多種門片，價格比進口便宜，預期短期內換屋，可選擇國產，CP 值較高。	一個約 NT.50 ～ 60 元不等。
德國、義大利	耐用度較高，品質優良，若有足夠預算可選用進口產品。	一個約 NT.400 ～ 500 元不等。

Q 怎麼挑

Point 1 拍拍手內部是以彈簧彈出門片，需支撐門片重量，若門片太重，彈簧就難以彈開，因此需配合門片尺寸選用適當的拍拍手，大型門片建議還是使用門把為佳。

Point 2 選用優良有信譽品牌為佳。拍拍手五金有來自義大利、德國、大陸等地，台灣也有自製。國產拍拍手有一定水準，不輸歐洲品牌；陸製品質不一，建議避免使用。若預算足夠，選用有信譽的進口品牌，大多有品質保證。另外，不論國產或進口，拍拍手的彈簧久了之後一定會疲乏，購買前建議先詢問是否有保固期限。

Point 3 安裝時要預留門縫，並確認門片與櫃身水平是否相合。當拍拍手彈出時，門片與櫃身間需留出一段彈出距離，因此有時需微調鉸鍊開闔角度。

Q 費用怎麼算

以個計價。國產拍拍手約 NT.50 ～ 60 元／個，歐洲品牌約 NT.400 ～ 500 元／個。

拉門五金

拉門五金依照結構可分成內嵌式和外掛式。內嵌式是將上、下軌道置於櫃體內側，因此會犧牲掉櫃內約9公分高度。外掛式是將軌道置於櫃體頂板和底板外側，看不到軌道較為美觀，但價格比內嵌式高。除了一般常見拉門形式外，還有一種連動式拉門，即是拉了一片門片後可帶動其他門片，可選擇有無緩衝功能。

攝影 蔡竺玲　**產品提供** 歐德傢俱

項目	特色	價格
內嵌式	最常用款式，安裝於櫃身內側，會縮減櫃內空間。	價格較便宜，一才約NT.450元。
外掛式	安裝於櫃身外側，施作起來較為美觀。	價格稍高。
連動拉門	用於寬櫃，多為三片拉門連動的形式。通常需預留門片疊合的厚度，因此會吃掉櫃內深度。依照功能而定，有緩衝的價格較高。	比一般雙開門門片高出約NT.7,000～8,000元左右。

Q 怎麼挑

Point 1 依照需求和使用習慣選擇。若是有預算，可選擇靜音軌道，降低推拉造成的聲響。若是門片選用較厚重材質，軌道必須有足夠承重力，所以應搭配相對應的重型軌道較為適當。

Point 2 外掛式拉門五金裝在櫃體外側，因此需與天花預留些許距離，拉門才有空間順暢滑動。若要選用置頂櫃體，選用內嵌式拉門為佳。

Point 3 一般來說，拉門長寬比不宜太過懸殊，門片寬度過短，推拉時容易傾斜，拉門較多扇，軌道長度相對較長時，軌道的銜接要確實，不可中斷。目前有3尺、6尺的軌道，可利用6尺軌道裁切所需長度，就能避免銜接問題。

Q 費用怎麼算

以套計價。包含軌道和連接門片的滾輪等。內嵌式最常使用，價格也最便宜；外掛式價格較高。但無論如何，拉門都比一般雙開門價格高，可依需求選擇。

撐桿

撐桿或開閉器，這類型五金是用來支撐上掀或下掀式門片，讓門片得以固定不掉落，可運用在化妝檯、櫥櫃、臥榻收納等。依結構可分成機械式、油壓式和電動，同時有多種功能可供選擇。普通撐桿多是定點支撐，開啟角度是固定的；有些撐桿有隨意停止的角度設定，只要開啟30度以上，任一角度都能穩固不會閉合，使用起來更順手。另外，撐捍還有可折疊、向後功能可供選擇。

攝影 王玉瑤

項目	特色	價格
開閉器	為機械式的撐桿，用關節支撐，多為鐵鍍鉻材質。	約 NT.300 ～ 400 元／支
油壓式撐桿	利用油壓進行開拉動作，有緩衝效果。	價格稍高，約 NT.400 ～ 500 元
電動撐桿	電動式的人性化設計更方便開拉使用，多半採用垂直上升或下降的設計。	約在上千元左右

Q 怎麼挑

Point 1 依照安裝位置和需求挑選。一般撐桿可選擇開啟角度，從70～110度都有，若吊櫃選用上掀式門片，會有開啟高度限制，一般多使用70度較方便開關。若是落地30～40cm矮櫃，由於高度過低，通常會選用可折疊收合撐桿五金，讓門片收進櫃體，使用時才能一目了然。

Point 2 依照門片尺寸、材質選擇合適的撐桿。由於撐桿必須支撐門片重量，門片愈大重量愈重，挑選時須注意撐桿是否有門片尺寸限制。另外，安裝時可搭配緩衝鉸鍊，避免開闔過於用力。

Point 3 像是重型撐桿、開閉器，中央都有關節設計，使用時若發生關不起來的情形，不可強壓，以免關節受損。

Q 費用怎麼算

以支計價。也會依照產地、功能而定。產地有國產、日本、歐洲進口。一支機械式國產撐桿，約NT.300～400元，油壓式較貴，約NT.400～500元，日本進口撐桿約為NT.600元。

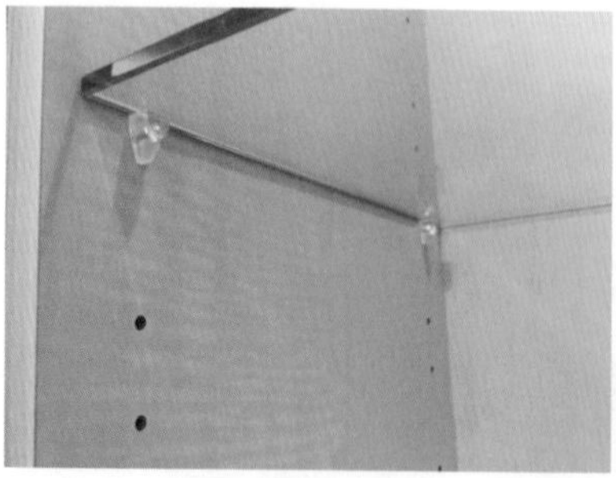

隔板粒

攝影 蔡竺玲　**產品提供** 歐德傢具

KD結合器

帽蓋

圖片提供 伸保木業

PLUS
組裝櫃子
不能少的
基礎小零件

KD 結合器・隔板粒・帽蓋

組成系統櫃桶身時，一定會用到接合的基礎五金，才能順利成形。這些看似不起眼的小零件，卻是穩固櫃體的基礎，KD 結合器就是其中的要角之一。KD 結合器是利用圓盤和一根螺桿固定兩片板材的接合，主要用於塑合板，優點為即便打洞後還能拆裝重複使用，不至於影響塑合板結構。而在接合時，會明顯看到螺絲的區域，會再以帽蓋蓋上，讓整體看起來更加美觀。另外，由於系統櫃層板多半不會鎖死，具有可調整特性，因此需使用隔板粒作為支撐。

項目	特色	適用區域	價格
KD 結合器	接合桶身的重要五金，可重複使用，不會影響塑合板本身的結構。	桶身	組裝的固定零件，無須另外加價。
帽蓋	可用來隱藏螺絲。有不同尺寸和形狀，像是六角形、圓形，直徑從 18 ～ 25mm 都有。	桶身	組裝的固定零件，無須另外加價。
隔板粒	作為層板的支撐。種類依層板材質而有所不同，若是玻璃層板，需選用外圍有止滑套的隔板粒較安全。若層板厚度較厚，可選用承重力較大的重型固隔。	層板	價格依照材質而有所不同，一個大多約在 NT.5 ～ 8 元左右。

板材

系統傢具主心骨，挑對了，才能用得長久、用得安心

項目	特色	適用空間	適用範圍	計價方式
塑合板	又稱粒片板，由木料碎片、刨花經過壓合而成，其膠合密度高、空隙小，所以不易變形。具防潮、耐壓特性。	客廳 餐廳 臥房	桶身、層板、門片、櫃框皆適用	以才計價，素色無壓紋約莫NT.60元／才
木心板	主要構成為實木，因此木心板耐重力佳、結構紮實，五金接合處不易損壞，具有不易變形的優點。	客廳 餐廳 臥房	不可作為廚房、衛浴桶身使用	以才計價，依材質、等級而定，裸板NT.200～206元／cm。
發泡板	以塑料製成，防潮力高，但不耐高溫，對溫度限制比較嚴苛。	衛浴	桶身、門片	以才計價，價格依廠牌、加工而定。約NT.94～103元／才。
密底板	木屑磨成粉製成的板材，表面易切割刮刨、可塑性高。但缺點是承重和結構力差、不防水。	客廳 餐廳 臥房 廚房	承重力差，僅能作為門片使用	以才計價，依表面加工而定，包膜後約NT.450元／才。

系統傢具乃是可自由組裝的模組化元件所組成，基本元件有門片、板材、五金，其中尤以板材最為重要，從櫃身到門片都會用到板材，是構成系統傢具的主體。為了因應台灣海島型潮濕氣候，板材必須符合耐熱、防潮標準，常用基材種類有塑合板、發泡板和木心板。近來無毒居家意識高升，系統傢具板材也因而再進化，推出低甲醛產品，打造更健康安全的居家空間。

圖片提供 伸保木業

塑合板

主要是由木材碎片、刨花等廢料壓製而成，從剖面處可清楚看見明顯的木料顆粒，又稱作「粒片板」。無法加熱塑形做出曲面，因此不適合用於造型多變的門片，而是作為桶身（櫃子主體）、層板使用。由於台灣並無生產，多為歐洲進口，其品質經過嚴格把關，少部分由東南亞、大陸進口板材品質較差，應避免選購。

攝影 江建勳

產地	特色	價格
德國、比利時、奧地利	運用循環造林的方式，使用生長快速的針葉林製造，具有永續環保概念。關於甲醛含量控管嚴格，有一定品質保證。	較高
大陸、東南亞	控管品質不一，甲醛含量需經過再次檢測，用久容易損壞。	較低

Q 怎麼挑

Point 1 從剖面處觀察，塑合板孔隙愈密實，代表其結構力愈好，耐重品質愈佳，重量也較重。多數有信譽的廠商會採用歐洲進口板材，如德國、奧地利、比利時等，其甲醛含量經過嚴格把關。而大陸、東南亞板材品質相對參差不齊，若有疑慮，可請廠商出示報關證明，檢視進口來源。

Point 2 由於奧地利、德國、比利時等歐洲板材，其甲醛釋出量認證證明採用日本 JIS A5908 板材標準，以 F★★★★為標示，其甲醛釋出量最低。隨著甲醛釋出量的增加，星星數則愈少。而台灣的 CNS 2215 甲醛釋出量標準於 2006 年修正，依循日本制訂相同標準，並以 F1、F2、F3 標示，因此 F1 等同於 F★★★★。而坊間常說的 E0 板材，回溯到歐盟 EN120 的規範，其等級只有劃分為 E1、E2，並無所謂 E0 等級，因此號稱低甲醛含量的 E0 板材目前已無官方背書。因此，想確認板材甲醛含量等級，請廠商提供台灣 CNS 或是日本 JIS 的認證證明為佳。

Point 3 以往曾提出可透過板材剖面看到內部藥劑、黏著劑顏色來區別 E0、E1 板材，基本上色系的差別是為了方便工廠辨識；目前板材來源眾多，不同品牌自有辨識標準，有些板材甚至無添加染料，而是於板材側面直接標示等級。因此建議辨識板材等級時，應詢問廠商相關標示資訊。

Point 4 由於台灣氣候潮濕，特別注重板材是否具防潮效果，過往曾出現V313、V100、V20等級的板材，標示不同防潮能力。而如今歐盟針對防潮規範重新定義，因此V313、V100、V20的標準已不復存在，統一改以EN312的標準規範。在EN312的標準中，依照用途和乾濕環境的不同，將板材分為P1至P7七種類別，其中P3、P5、P7在高濕度環境下做測試，以P3板材防潮能力最佳。厚度在13～20mm的板材，吸水膨脹率需在14%以下，因此可聽到系統廠商常說的P3板材就是由此而來。以台灣而言，進口品需經過台灣CNS再次檢驗，依CNS 2215的吸水膨脹率標準範圍需為12%以下，因此可向廠商要求出示通過CNS防潮係數檢測證明。

圖片提供 三商美福

Point 5 組合櫃體時，不同板材厚度各有用途。一般來說，厚度8mm板材多用於櫃體背板、門框；18mm則作為桶身和門片使用；厚度在25、28和32mm板材結構力厚實，可作為桌板、矮櫃櫃面或是寬櫃層板。尤其作為書櫃使用時，建議最好選用厚度25或28mm的層板，同時跨距不超過60cm，避免出現層板下凹的「微笑曲線」。

Q 費用怎麼算

價格以才計算。依照所需櫃體尺寸計算，另外也會依表面花色、加工、板材等級等而定。塑合板花色眾多，素色無壓紋價格約莫NT.60元／才；目前最新可刻痕印刷的壓紋板材價格較高，約在NT.100元／才。板材甲醛釋出量等級也會影響價格，一般E1等級板材，約在NT.160元／cm，等級最高的F★★★★則約NT.180元／cm。

櫃體高度240cm以下。一般來說，進口板材尺寸有一定限制，因此櫃體高度限制在240cm以內。若超過此高度，在設計上等同於需再往上增加一個矮櫃，就需再額外加價。

櫃體深度、寬度限制。系統傢具固定寬度為45、60、90cm、深度為40、45cm不等。由於每家標準不同，若遇到畸零空間，需裁剪或增加角料填滿空隙時，其施作價錢會再往上增加。

台灣 CNS 2215	日本 JIS A5908	甲醛釋出量
F1	F★★★★	平均值 0.3mg／L 以下 最大值 0.4mg／L 以下
F2	F★★★	平均值 0.5mg／L 以下 最大值 0.7mg／L 以下
F3	F★★	平均值 1.5mg／L 以下最大值 2.1mg／L 以下

木心板

上下外層為3mm的合板，中央是木條拼接而成。由於主要構成為實木，因此木心板耐重力佳、結構紮實，五金接合處也不易損壞，具有不易變形優點。價錢較高，是室內裝修主要材料之一。木心板先前為人詬病的地方在於，中央木條接著劑甲醛含量較高，但目前經過政府規範，將木心板分為F1至F3等級，可達到低甲醛標準。

攝影 Amily

項目	特色	價格
麻六甲	早期因自麻六甲海峽進口而得名。其組成選用的是木材中結構較鬆散的區域，因此結構力、防潮力相對較差。	裸板約 NT.200 元／cm
柳安芯	以柳安木所組成，結構較為硬實，五金附著力高，且較耐用。	裸板約 NT.206 元／cm

Q 怎麼挑

Point 1 木心板不可作為櫥櫃或浴櫃桶身。由於木心板防潮力較差，建議用在客廳、餐廳等乾燥區域。但可塑性佳，可做不同表面加工，多作為造型門片使用。

Point 2 依照甲醛釋出度由低至高等級分為F1、F2和F3。F1木心板甲醛最低，但由於使用的防腐和接著劑較少，材質較為鬆脆，內部易有蟲卵殘留，因此市面上多使用F3等級木心板，雖甲醛釋出量較高，但也在安全範圍內，材質也較F1堅實。

Point 3 木心板依照材質可細分為麻六甲和柳安芯兩種。柳安芯硬度高，結構力和防潮力比塑合板佳，價格最高。一般市面上多使用麻六甲，價格平實，但結構力較柳安芯弱。

Q 費用怎麼算

以才計價。也會依照板材等級、加工和材質而定。以不做任何加工的裸材來說，價格約莫在NT.200～206元／cm。

發泡板

為塑料壓製而成，具防水防潮、保溫絕緣及使用壽命長、可回收利用等特點，多用於衛浴浴櫃或廚房水槽櫃桶身。質地輕，韌性佳，可塑性強，可以貼膜、印刷、壓花、噴塗二次加工，讓視覺有更豐富的表現。其缺點為不耐熱，不可用在高溫處。一般來說，發泡板材質較軟，久了鉸鍊不易支撐，容易變形，門片就闔不起來，若要用做門片，需選擇載重力高的4孔鉸鍊。

攝影 蔡竺玲

產地	特色	價格
台灣	硬度和耐燃度相較較高，有多種厚度尺寸可供選擇。	較高
大陸	品質不一，部分材質的耐燃度和硬度不佳。	較低

Q 怎麼挑

Point 1 發泡板雖不怕水，通常多用於浴櫃的桶身和門片，但不耐高溫，對於溫度限制比較嚴苛，再加上耐重力弱，建議不可用作廚房火爐處的櫃子。

Point 2 選用有優良信譽的廠牌。市面上有國產和大陸進口的發泡板，一般國產品質較好，大陸進口的發泡板材質較軟，也較不耐燃，有些鑽孔就有孔洞四周焦黑痕跡；國產發泡板耐燃度和硬度較高。

Point 3 加工時要以ㄇ型條固定四周。由於發泡板較軟，若做為桶身或門片時，四周應加上ㄇ型不鏽鋼條固定，以加強結構。

Q 費用怎麼算

以才計價。價格約NT.94～103元／才，另外價格也會依照廠牌、加工而定，一般一片4×8尺發泡板，素面不加工價格約為NT.3,000～3,300元，若要鋼烤、貼皮，則要再往上加價。

密底板

為回收木屑廢料，再磨成粉狀壓製成的板材，可分為高、中、低密度，用於傢具多為中密度纖維板，簡稱MDF。其密度及加工性質與一般木材相似且表面平整，不論是削刨邊做造型，或貼實木皮、烤漆等處理都很適合，不會有塑合板產生邊緣粗糙不易處理的現象。對於需要呈現多樣造型和材質的門片來說，是製作的最佳基材。

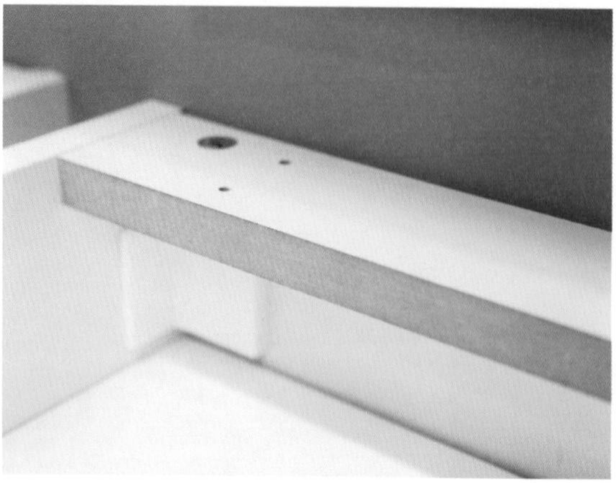

攝影 江建勳

項目	特色
防火密底板	比一般的密底板多增添防火耐燃的接著劑，具有防火的等級。
防潮密底板	所增添的接著劑具有耐水耐潮的功能，多用在水氣較多的區域，一般簡稱為防潮板。

Q 怎麼挑

Point 1 注意密底板適用空間和區域。雖然密底板好做造型，但不耐潮，泡水會膨脹分解，即便表面可用上漆或美耐板包覆，但一旦有水氣滲入就會變形，建議儘量避免用於衛浴等易受潮空間。另外，密底板結構力和耐重力較差，不可作為桶身、層板使用。

Point 2 依需求可選擇有阻燃、防潮功能的密底板。耐熱密底板多添加紅色接著劑，綠色為耐潮，白色密底板則無特殊功能。但顏色也是因地制宜，不可斷用顏色區分。

Point 3 依甲醛釋出量，也可分成E1、E2等級，E1等級甲醛釋出量較少，若在意空氣品質，建議可選擇E1密底板。

Q 費用怎麼算

價格以才並依照表面加工而定。一般若是純粹包膜約在NT.450元／才。

圖片提供 富美家

PLUS 呈現多樣風格，表面加工不可少

面材加工

板材組成的結構是基材、面材和封邊條。系統櫃的面材裝飾重點在於門片，可與桶身搭配相近色系，再透過不同門片材質使櫃體呈現多樣風格，豐富居家樣貌。常用面材有美耐皿、美耐板、結晶烤漆、陶瓷烤漆等。美耐皿和美耐板具有耐磨耐刮特性，而美耐板又更為抗磨抗酸鹼，由於無法 90 度轉折貼覆，若與封邊條銜接不良，會有黑邊問題，水氣就容易滲入，縮減使用壽命。結晶烤漆本質為壓克力，可呈現如鏡面般光亮效果；陶瓷烤漆則呈現霧面質感；這兩種烤漆方式都能完全包覆板材的六面，防潮力佳具耐高溫特性，常用於浴櫃和櫥櫃門片。

面材加工方式

款式	特色	價格
美耐皿	為一層層牛皮紙壓疊成 0.45mm 厚的紙，表面有一層「美耐皿」的硬化劑，具有耐潮、耐刮特性。	以才計價，素色約在 NT.60 元／才
美耐板	牛皮層較厚，再加上特殊高壓技術，比起美耐皿更耐磨、耐刮、耐酸鹼，同時也更能展現不同的素材肌理，像是金屬、鏡面等。	以才計價，素色美耐板約在 NT.100 元／才
水晶板	為透明壓克力材質，可看到透明的表面，顏色則壓於底部。可包覆板材的 5 面或 6 面。	以才計價，依照施作的手續而定，6 面價格較高。約 NT.260 元／才
結晶烤漆	為壓克力材質，經過多道手續塗佈，防潮、耐熱，但較不耐刮。可包覆板材的 5 面或 6 面。	以才計價，依照施作手續而定，6 面價格較高。約 NT.280 元／才
陶瓷烤漆	呈現霧面質感，硬度較高，適用底材為木心板、密底板。可包覆板材的 5 面或 6 面。	以才計價，約 NT.700 元／才
包膜	多以密底板為底材，表面利用靜電鍍膜，具有防潮耐刮特性，但久了會產生黃變。	以才計價，約 NT.450 元／才
不鏽鋼	板材六面皆以不鏽鋼包覆，耐潮度高，多半在電器櫃或風格所需時使用。	以才計價，約 NT.1,600 元／才

導角

圖片提供 伸保木業

除了表面貼覆多種面材外，板材邊緣也可利用導角修飾掉銳利邊緣，一般多用在櫃子邊角、檯面、桌板或是門片。櫃邊或檯面的導角能有效避免碰撞後造成嚴重傷害，若家中有幼兒或長輩，建議可多加防範。若是用在門片，則是能留出一個手指進入的凹槽方便開啟，呈現無把手的乾淨設計。

PLUS
想要板材更精緻，邊角細節少不了

封邊條

板材貼覆完成面材時，四邊需用封邊條收邊美化，同時也兼具保護作用，避免內部板材滲入水氣。封邊條材質通常有 PVC、ABS 和實木，以系統傢具而言，多使用 PVC 和 ABS 封邊條；實木封邊條則是用在木作櫃上。PVC 封邊條厚度較薄，多用於桶身側板、頂板和底板，貼覆時與面材的接合必須密合，否則容易有黑邊問題，不僅影響美觀，也容易受潮。ABS 封邊條厚度較厚，約在 1 ～ 2mm，較耐撞，同時封邊後邊緣會修圓，多使用在經常開啟的門板、抽屜、檯面等。

攝影 蔡竺玲　產品提供 歐德傢俱

項目	特色	適用區域	價格
PVC 封邊條	顏色花紋多樣，多跟隨市面花色而定。材質較薄，但目前已出現與 ABS 封邊條同厚的尺寸，可取代 ABS 使用。	層板、櫃身等不易被看見的區域。	較便宜
ABS 封邊條	材質較厚，具有防碰撞特性，且可做導角修圓，因此多作為門片、檯面修邊處，可避免劃傷。	門片、檯面、抽屜等較常觸摸的區域。	較貴，比 PVC 封邊條高出約 NT.40 ～ 50 元

門片

揮別一成不變，想要百變風格全靠它！

項目	特色	計價方式
木門	能替空間營造溫潤、質樸效果。	以「才」作為計價單位。隨木材質、厚薄度、樣式、表面加工以及把手處理等，計價方式會有所調整。
玻璃門片	提供清透感，同時又兼顧藝術性。	以「才」作為計價單位。依玻璃種類、尺寸、厚薄度、加工與加框以及把手處理等，計價會有所調整。
烤漆門片	可依個人喜好、設計風格決定上漆顏色。	以「工」作為計價單位。費用計算包含技術施工以及材料費用、把手處理等。
皮革門片	材質擬真，從復古、奢華到前衛皆有。	以「才」作為計價單位。依皮革材質、厚薄度、樣式、表面加工以及把手處理等，計價會有所調整。
美耐板門片	樣式百變，同時兼顧耐磨、耐刮特性。	以「才」作為計價單位。隨表面花色、款式的不同，價格也有所差異。
結晶鋼烤門片	色彩呈現飽滿感，能替空間增添明亮作用。	以「才」作為計價單位。依種類、尺寸、包覆面數、把手處理等，計價會有所調整。

印象中的系統傢具大多都是方正、依樣葫蘆的樣貌，想揮別一成不變，可藉由顯露在外的門片製造出不同風格，透過材質、顏色搭配，就能像換衣服一樣，隨著空間設計與風格加以變化，一來樣式不再只侷限於制式化規格的框框裡，二來還能設計出獨一無二的系統傢具。

圖片提供 富美家

木門

木素材最能營造出居家空間無壓、溫馨感，常用於地板、牆面甚至傢具，當然在系統傢具門片使用上也少不了它。表現在系統傢具常見幾種形式，普遍來說都是以塑合板（Melamine Faced Chipboard，MFC）或密底板（Medium Density Fiberboard，MDF）作為底材，板材經過高溫壓製而成，可再結合貼實木皮或仿木皮，以及結合實木使用。現今木門種類樣式多元，表面質感也愈來愈擬真。

圖片提供 伸保木業

項目	特色	注意事項
實木貼皮	真實的木皮材質，自然又溫潤純屬天然。	相對潮濕空間使用上要更留心。
仿木貼皮	擬真的木質效果，連壓紋也逼近自然。	表面為美耐皿雖具抗污耐刮特性，但仍不可用尖銳物破壞。

Q 怎麼挑

Point 1 木種顏色較多，可依風格喜好做深淺色系樣式的選擇，並非一定要全室都使用同一種類，可藉由混搭營造不同空間表情的元素。

Point 2 技術日益進步下，在仿木皮部分除了色系紋理擬真，壓紋表現也相當真實，不只提供溫潤觸覺，視覺上也充滿溫馨暖度，很適用來營造舒適的居家空間。

Point 3 由於木門可結合貼實木皮、仿木皮，甚至搭配實木使用，建議確定好使用空間範圍，再挑選適合材質，若是搭配實木使用就不建議使用在衛浴、廚房相對潮濕的空間裡。

Q 費用怎麼算

以才計價。木門價格計價方式以「才」作為計價單位，但其中因包含木皮與實木材質的選用，厚薄度、樣式、表面加工以及把手處理等，計價方式又會有所不同。

玻璃門片

玻璃的清亮與透光度，是室內環境「放大」與「區隔」空間必備素材之一；玻璃除了透光性也兼具藝術性，不只成為重要的室內裝飾材，也被廣泛運用作為門板材質。玻璃中最常拿來運用的有：清玻璃、黑玻璃、茶玻璃、霧面玻璃、夾紗玻璃、噴砂玻璃等，種類多元是美化與妝點系統傢具的最佳元素。

圖片提供 IKEA

項目	特色	注意事項
清玻璃	具有百分百透視性，視覺可以無限穿透。	沾水易有水漬，要時常清理。
茶玻璃	茶色玻璃但仍保有穿透性質。	想營造低調奢華風格，可以參考選用。
夾紗玻璃	兼具半遮掩特質，讓空間同時擁有通透感與隱私。	內夾材料厚度建議不要超過3mm，否則失敗率高，易產生氣泡。

Q 怎麼挑

Point 1 玻璃種類多元，清玻璃是其中最普及、經濟效益最高的款式，若要多點變化則可以選擇茶玻璃、黑玻璃等，帶出不一樣的視覺效果和氛圍。

Point 2 欲想玻璃更具藝術性，可以選用夾紗玻璃或噴砂玻璃，不失透光感之餘，又能創造神祕且具藝術效果的感受。

Point 3 玻璃使用上有厚度考量，作為櫃體門板裝飾材，建議厚度在10mm以下較佳，普遍來說常見厚度為5mm～8mm。

Q 費用怎麼算

以才計價。玻璃價格部分隨款式、尺寸、厚薄度、加工處理（如：光邊處理）、加框或把手處理等，而有所不同，計價方式以「才」作為計價單位，以清玻璃為例，每1才市價約NT.150～160元（含光邊處理）。

烤漆門片

雖然名為「烤漆」，但並不與汽車烤漆畫上等號，嚴格來説算是木工師傅在常溫下使用油性噴漆，並經過多道程序使之細緻，與刷漆使用的水性漆不同，當使用於櫃體門板上時，是可以擦拭清潔的。

圖片提供 日作空間設計

項目	特色	注意事項
亮面處理	亮面效果色澤較為亮麗、飽和。	不可用尖鋭物破壞。
霧面處理	霧面效果色澤較為樸實、素雅。	不可用尖鋭物破壞。

Q 怎麼挑

Point 1 門板上進行烤漆處理時，要留意門板板材的平整性，因為當板材不平整時，呈現出來的效果不佳，會影響整體美觀性。

Point 2 留意底漆塗刷次數，次數愈多表面愈細緻，質感也會提高，但相對費用也會增加，施作前建議要細問和確認清楚。

Point 3 烤漆是木工師傅在常溫下使用油性噴漆做處理，且表面未再做任何防護上的手續，故碰撞或刮到便會有表面受傷的情況。

Q 費用怎麼算

以工計價。烤漆價格計價中，因包含了技術施工以及材料費用、把手處理等，故以「工」作為計價單位，同時還會依處理的範圍大小而定。

皮革門片

隨技術日趨進步，可以逼真地模擬出皮革的色澤與質感，有的加以復古染色，有的則是搭配金屬光澤，有的甚至還推出幾可亂真的動物皮革，風格從復古、奢華時尚、前衛流行通通都有。

圖片提供 綠的傢俱

項目	特色	注意事項
素面款式	純色或復古染色處理，製造出不同的效果。	表層有髒污，建議用乾布擦拭。
壓紋款式	獨特的拓印技術，加深觸摸時的質感。	表層有髒污，建議用乾布擦拭。

Q 怎麼挑

Point 1 皮革有多種樣式，在色澤處理上有的是加以染色，有的則是搭配金屬光澤，可依風格做不同色系的選擇。

Point 2 在表面處理上，已可進行印花壓紋，除了提供獨特的觸感之外，經過光影折射又能映襯出不一樣的視覺效果。

Point 3 有的廠商所推出的皮革門片，會在內層中加入泡棉材質，厚度增加觸感也更為柔軟，替安全多一層防護，適合有小孩的家庭選用。

Q 費用怎麼算

以才計價。皮革價格計價方式以「才」作為計價單位，但其中因包含皮革材質選用、厚薄度、樣式、表面加工以及把手處理等，計價方式又會有所不同。

美耐板門片

美耐板是含浸過的色紙與牛皮紙，經過層層排疊，再經由烘乾、高溫與高壓等程序加工製成。美耐板材質因兼具耐磨、耐刮等特性，是相當耐用的表面裝飾材，其應用範圍很廣，常使用在商業空間與居家環境，舉凡桌面、櫥櫃、牆面、門板、地板等，都可以使用美耐板。

圖片提供 富美家

項目	特色	注意事項
木紋系列	擁有自然原始及仿舊的木紋花色設計，可做多樣選擇。	由於木紋色系、紋理較多元，可依風格做不同款式的挑選。
素色系列	提供多種顏色選擇，如現在流行的粉彩色系。	超過百色色系種類，可依空間做搭配使用。
金屬系列	使用金屬材質製作而成，讓效果更為真實。	材質特殊不建議運用在濕氣較重的衛浴或廚房中。
磁性板系列	提供吸磁效果、書寫功能，甚至可做投影布幕使用。	依據不同表面效果，其書寫工具也不同，亮面適合使用白板筆、消光面則適用粉筆。

Q 怎麼挑

Point 1 擁有多種顏色與樣式，除了單一色系之外，還有木紋、金屬、石紋等款式，其中木紋、素色廣受市場歡迎，可依居家風格、個人喜好做挑選。

Point 2 美耐板經由高溫高壓壓製而成，因此兼具耐磨、耐刮、好清理特性，適合有小孩成員或是有養寵物的家庭，只要將抹布沾濕擦拭即可完成清潔，相當方便。

Point 3 施工容易又方便，只需將所需的美耐板尺寸裁切好後，直接黏貼至基底板材上即可。

Q 費用怎麼算

以才計價。美耐板價格部分隨表面花色、款式而有所不同，其計價方式以「才」作為計價單位，以木紋系列為例（每片4尺×8尺，即32才），其1才市價約NT.48元；素色系列（每片4尺×8尺，即32才），其1才市價約NT.44～48元。

結晶鋼烤門片

結晶鋼烤的材質是壓克力，做法是先將壓克力染色，然後再去包覆木心板，色彩呈現較為飽滿與質感。結晶鋼烤處理上有包覆5面與6面之分，5面即一個門板的內面不包結晶鋼烤，價格當然會比6面略低一點。

圖片提供 PartiDesign Studio 曾建豪建築師事務所

項目	特色	價格
水晶板門片	為透明壓克力材質，可看到透明的表面，顏色則壓於底部。可包覆板材的5面或6面。	以才計價，依照施作的手續而定，6面的價格較高。約NT.260元／才
結晶鋼烤門片	為壓克力材質，經過多道手續塗佈，防潮、耐熱，但較不耐刮。可包覆板材的5面或6面。	以才計價，依照施作的手續而定，6面的價格較高。約NT.280元／才

Q 怎麼挑

Point 1 結晶鋼烤和水晶板乍看之下很像，但仔細看會發現結晶鋼烤是沒有接縫、一體成型的，而水晶板則有接縫。

Point 2 結晶鋼烤使用的面材是壓克力，其材質耐溫性較差，仍有易刮傷的情況產生，選前建議將材質特性、使用方式詢問清楚。

Point 3 多半來說廚房採光較不明亮，同時油煙也較多，建議在廚房系統門板上可以使用結晶鋼烤，既能增添亮度也好清理。

Q 費用怎麼算

以才計價。鋼烤價格部分，依種類、尺寸、包覆面數、把手處理等而有所不同，計價方式以「才」作為計價單位，結晶鋼烤每1才市價約NT.280～300元。

圖片提供 伸保木業

圖片提供 伸保木業

特殊五金

多種機能搞特別 絕對不能少了它

項目	特色	價格
轉角五金	依照形狀、機械結構，分為轉盤、大小怪獸，可解決L型或ㄇ型櫃體的轉角收納，讓畸零空間能充分運用。	轉盤約NT.3,500～4,500元。小怪獸約在NT.7,000～8,000元左右。大怪獸則約NT20,000元以上。
升降五金	分成手動、電動，可解決高度拿取不便問題。一般多有緩衝裝置，開拉更為省力。	手動式較便宜，約NT. 6,000元以上；電動式價格較高，大多在NT.20,000元以上。

在系統櫃中，往往為了解決在轉角、高處等施力不便的區域，而設置特殊的省力五金，讓機械取代人力達到省力效果，使用者用起來更方便順手。以轉角收納來說，大多發生於L型、ㄇ型櫃體，因此需要轉盤、大小怪獸等設計，高處吊櫃則可利用手動或電動升降五金，將收納籃直接下拉，有手動和電動兩種，但價格不斐，可依預算和需求選購。

圖片提供 伸保木業

轉角五金

L型櫃體轉角處是最需要靈活運用的區域，由於深度較深，即便伸手也不易拿取，常常成為閒置空間，因此特別需要轉角五金作輔助，一般常用轉盤、小怪獸等五金。轉盤是在轉角處設置立柱，並加裝可動式置物盤，如旋轉木馬概念，讓物品藉由旋轉便於拿取。俗稱小怪獸的五金，則是利用滑軌與門片連動，一開門就能拉出籃子，所有物品便能一目了然，取用相當容易。

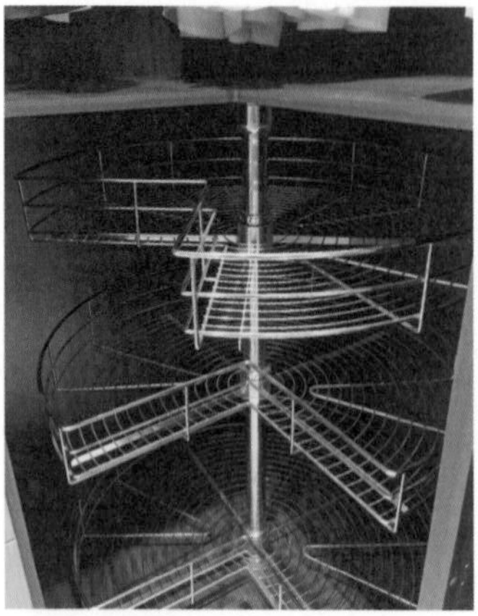

攝影 蔡竺玲　**產品提供** 歐德傢俱

項目	特色	價格
轉盤	有半圓形、270度圓和蝴蝶型的種類，可隨意旋轉拿取物品。	價格較為平實。約NT.3,500～4,500元。
大怪獸／小怪獸	利用特殊滑軌拉出兩層置物籃，裝置精密度高，收納量更大，並可選擇是否具緩衝功能。	小怪獸約NT.7,000～8,000，大怪獸約20,000元以上。

Q 怎麼挑

Point 1 轉盤種類多元，有半圓形、蝴蝶等造型。傳統多為180度、270度圓式轉盤，價格平實，但仍無法將櫃內空間完全利用，因此才衍伸出蝴蝶型轉盤，增加收納量。目前也發展出與門片連動的設計，一開門就能拿取，無須將手深入內部，就更方便輕鬆，但價格稍高，因此可依照需求和預算挑選適合的五金。

Point 2 俗稱大小怪獸的轉角五金，則是改善傳統轉盤易產生畸零空間的缺點。利用兩段式滑軌設計將置物籃分成前後兩層，不僅擴大使用空間，挑選時還可選擇具緩衝功能，開拉就能更為省力。

Point 3 轉角五金最重視拉取順暢度，一般國產五金品質有一定水準，進口五金精密度高，比起國產又較為好拉，但價格更高。

Q 費用怎麼算

以組計價。並依種類、有無緩衝、產地而定。轉盤約為NT.3,500～4,500元。小怪物約在NT.7,000～8,000左右，大怪物則是NT.20,000元以上。

升降五金

升降五金亦稱為下拉式五金，主要解決因高度產生取用不便問題，身材嬌小的女性，也能輕鬆拿取上櫃內物品，充分發揮收納空間。一般可分成手動下拉式和自動升降拉籃，手動下拉式五金附有緩衝省力裝置；自動升降拉籃則依靠電力，按壓即可開啟，不論開闔都輕鬆施力，適合熟齡族群或女性使用。另外，升降五金雖然便利拿取，但收納空間不如層板式設計，因此選購前可再多方考慮。

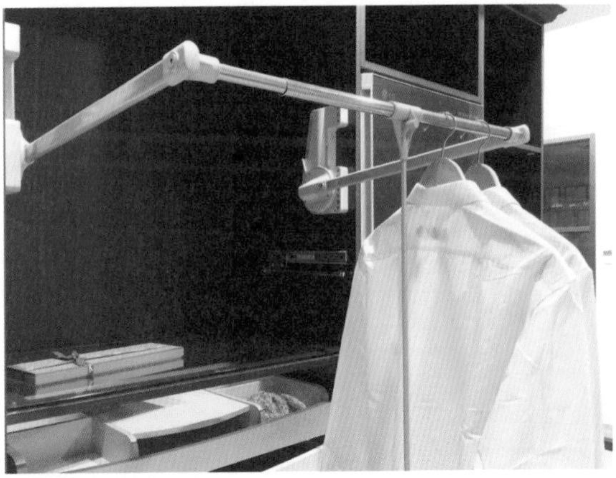

攝影 蔡竺玲　**產品提供** 歐德傢俱

項目	特色	價格
手動下拉式	附有緩衝的省力裝置，不論上推或下拉，都能輕鬆完成。收納尺寸有 60、80、90cm 可供選擇。	NT.6,000 元起（深度 30 公分）。國產與進口品牌有極大價差。
自動式升降拉籃	利用電動式設計，來進行吊櫃空間的收納分類。按壓即可升降拿取，方便力氣較小的熟齡族群和女性使用。	約在 NT.20,000 元，進口價格更高。

Q 怎麼挑

Point 1 依照收納需求選購。升降櫃有寬 60、80、90cm 等款式，建議若收納量需求大挑選最大尺寸，以免收納空間因扣除升降櫃兩側的油壓五金，不敷使用。此外，上櫃深處最難以運用，目前發展出深度較窄的懸吊式隱藏櫃，無須打開櫃門，只要從櫥櫃後方往下拉，即可利用其五金橫桿放置各類小物件。

Point 2 電動式升降拉籃只需按壓開關，拉籃就能下降，很適合不易施力的熟齡族群；不過用久了可能有耗損不順暢，以及停電時無法使用等問題，購買前應詢問清楚，並確認是否有保固期限。

Point 3 注意承載重量。不同尺寸的拉籃五金有其承重限制，若是過重，五金可能無法順利下拉或上推。

Q 費用怎麼算

以組計價。並依照種類、產地、有無電動等而定。一般手動式拉籃，約在 NT.6,000 元左右；而電動則在 NT.20,000 元以上。

Step 2

找廠商

貨比三家不吃虧，不只連鎖大品牌，還有設計師和工廠直營除了一般常見設有門市的大眾品牌系統傢具廠商外，如果想以系統傢具裝潢，還可以找設計師和系統傢具直營工廠，都是以系統傢具裝潢但各有其優缺點，合作方式也略有不同，因此除了就預算、需求考量做選擇外，也應依自己的時間與個性做評估，挑擇適合的廠商，讓裝潢過程更流暢、順利。

找廠商最容易發生的NG行為

NG

上網找的廠商不保證品質!?

上網找系統傢具工廠以為可以省錢，結果做完有問題，事後根本找不到人維修!?

OK

選擇有信譽的廠商，品質才有保障

挑選廠商時，首先應確認該廠商的信譽，詢價過程中也應先確認該廠商提供的服務項目，避免事後發生問題喪失該有的權益。

NG

系統傢俱廠商不是應該從規劃到完工，一次做到好嗎!?

以為系統傢俱裝潢很方便，結果廠商只負責施工，設計、規劃變成我的工作，根本沒比較輕鬆!?

OK

專人規劃，省時又省力

部分規模較大的系統廠商有設計師負責整體規劃，若有需要專人規劃，最好事前先詢問是否有此服務，再決定是否由廠商負責後續裝潢工作。

大眾品牌

定位在大眾品牌的系統傢具廠商，品牌成立多年且具有高知名度，門市據點分布較多且廣，對系統有需求的消費者，可以先到門市做參觀、諮詢以及了解市場行情。這類廠商除了提供系統傢具的服務外，部分廠商擁有自營工廠，以確保產品品質；此外也提供空間規劃的服務，讓消費者既能選到更適合的系統傢具，同時裝修上的大小問題也能一併獲得解決。

圖片提供 安德系統室內設計

優點

大眾品牌多半已經營一段時間，門市有營業員、設計師駐點，提供專業知識性服務。品牌提供產品品質穩定，也有固定施工團隊，施工具專業水準。此外，服務部分也較完善，當消費者使用上有任何問題，都可前往門市尋求協助，甚至在保固期與售後服務方面也落實得較為確實。

缺點

與訂做傢具相比，系統傢具板材、五金、配件有固定尺寸與規格，若遇每個住家畸零空間不同，可能就不能完全地符合需求。另外板材、五金品牌大多為固定合作品牌，因此比較沒有更換品牌的選項。

價格計算

系統傢具所需的材料費用（包含櫃板材、五金配件、門片等），設計費用（繪製設計圖等）、運送費用（搬運相關材料等）、到府安裝組裝費用等。（費用類別依各家廠商有所不同，有的費用為免費方式，諮詢時可問清楚。）

【訂製流程】

1 門市參觀
前往門市參觀實品環境擺設，並透過居家顧問或系統規劃師介紹各種款式與風格的系統傢具，以及板材、五金的功能。

2 丈量服務
自行丈量或由設計師至府上進行丈量服務，實際了解居家整體空間和動線狀況，就環境、使用需求、預算等做更進一步的了解。

3 設計討論
與門市專家或設計師針對所需的生活需求做適合空間的系統傢具配置設計圖，並再做設計上的細部解析。

4 簽訂合約
圖面溝通討論確定後，並解説合約及保固條款、施工流程、匯款方式等，再次確認後進行簽約和收取訂金。

5 確認圖面
再次確認設計圖面是否符合需求，就細節處再做修改與調整。

6 下單製造
在與業主簽約、確認圖面後，便準備下單，工廠備料、製造、出貨。

7 施作安裝
與業主約好時間，安排專業安裝師父前往家中組裝。

8 完工驗收
安裝完成後，再次與業主確認產品項目與品質。

一 注意事項 一

- **再次確認合約內容：**簽完合約後，務必再次確認內容是否與洽談內容屬實，尤其是板材、五金等品牌要再次確認，以免完成後才發現與原先挑選的不一樣。
- **事後調整費用如何計價：**過程中若想臨時更換系統傢具樣式、板材與五金配件樣式等，或是新增系統傢具訂製數量，應在什麼期限內提出變更權益，以及針對新增內容又該如何計價。
- **要求出示保證書：**板材、五金部分最好是請廠商出示認證書，以確保品質。
- **確認售後服務與年限：**每家廠商幾乎都會附保固服務，建議需再做確認服務範圍與年限，以免發生日後因服務項目或年限而有爭議。

保固	備註
BESTA 系列 10 年保固、PAX 系列 10 年保固、METOD 系列 25 年保固（詳細內容請參考各系列保固書）。	可自行決定是否需要組裝與運送，有需要此項服務才需要負擔相關所需費用。
板材 10 年、五金 3 年保固。	旗下還有室內裝修團隊，整合：衛浴、水電、燈飾、窗簾、木作、泥作、油漆等居家裝修的相關服務，讓設計規劃更整體性。
結構體 10 年、櫃體五金（KD、中固器、鉸鍊功能）終身保固、滑軌功能終身保固。	旗下還有成立「理想家室內裝修」與「inmdi」品牌，讓消費者在選購系統傢具時，若有相關裝修、添購傢具需求，也能一併獲得解決。（系統傢俱計價方式，僅收取所需的材料費用，包括板料、五金等。）
櫥櫃設計商品保固 5 年、鉸鍊滑軌永久保固。	所有服務流程透明化，APP 線上的服務過程即時回報，以及線上保固報修功能，讓溝通零時差。
板料 6 年、五金 1 年。	本身擁有直營工廠，透過機械化方式生產，能夠更加確保產品品質。
五金、板材五年保固；鉸鍊屬永久保固。	2011 年創立「UWOOD 優渥實木」品牌，提供免費全室規劃及到府丈量，擁有最多元木種選擇和風格供民眾參考，帶領民眾擁有屬於自己風格的北歐居家。

廠商一覽表

廠商	特色	板材品牌
IKEA 宜家家居	來自瑞典的品牌，系統櫃產品價格透明、並可自由搭配，產品分佈廣，居家所有使用空間皆可一次購足。店內提供充足且多樣的展示間，透過實際體驗方式，幫助消費者理解所需的櫃體需求與想像。	IKEA 自行生產
愛菲爾	以成為區域型居家裝修服務中心為目標，總體超過 100 位專業室內設計師，提供消費者廚具、系統傢具設計服務外，還提供相關完善的施工技術。	德國 Kronospan、法國 linex、奧地利 Blum、德國 HAFELE
綠的傢俱	提供系統傢具客戶專屬設計師，能量身打造專屬的設計品味；另外本身擁有自營工廠與完整生產運輸系統，確保產品運輸及客戶服務的好品質。	奧地 Kaindl 最高等級， CNS 標準 F1 級微甲醛、 鉸鍊與緩衝棒 義大利 SALICE、KD 與 中固器德國 HETTICH
三商美福	提供系統傢具服務之外，另也提供室內設計裝修服務，能同時滿足裝修上的大小需求。	西班牙 Sonae、歐洲 kronospan、德國 wodego、奧地利 Egger、奧地利 Kaindl
安德康系統 室內設計	憑藉團隊內專業的設計與服務，將客戶需求轉而成為設計規劃與建議，提供具質感、多元且饒富色彩變化的系統櫥櫃，讓生活空間更舒適。	歐洲 EGGER、F4 星 防焰防潮粒片板
歐德傢俱	20 年以上的專業服務資歷，致力於室內設計與研發，設計生產來自於德國，義大利同步的德式廚櫃，提供機能與美學的現代傢俱。	榮獲內政部「健康綠建材標章」認證，低甲醛無臭味 德國 Wodego 板材堅固耐用，防潮不助燃作用

系統傢具設計師

有別於大眾品牌，定位在系統傢具設計的廠商，擁有室內設計相關背景，憑藉對設計的熟悉，提供消費者不一樣的系統傢具服務。部分成立有展示中心，可提供消費者了解訂製方向。

這類廠商除了提供系統傢具的設計服務外，也會結合專業的木工團隊共同合作規劃相關設計，讓系統櫃及木作造型做完美的結合。

攝影 王玉瑤

優點

由於擁有室內設計經驗，在構思系統傢具圖面時，更能將居家空間、生活需求完整地做設計評估，甚至將一些細節，如：特殊尺寸需求等處納入規劃中，讓系統傢具更貼近人性需求與滿足使用。

缺點

這類廠商未必全數都擁有自營工廠，很可能產品的處理是跟其他工廠合作，產品品質必須依賴廠商本身做嚴格把關。

價格計算

系統傢具所需的材料費用（包含板材、五金配件、門片等），設計費用（繪製設計圖等）、系統傢具運送費用（搬運相關材料等）、到府安裝組裝費用等。

訂製流程

1. **展示中心參觀** 前往展示中心參觀實品環境擺設，並與設計師做專業諮詢，說明相關需求。

2. **丈量服務** 設計師至府上進行丈量服務，實際了解居家整體空間和動線狀況，就環境、使用需求、預算等做更進一步的了解。

3. **圖面討論** 設計師針對所需的生活需求做適合空間的系統傢具配置設計圖，與業主進行圖面的討論。

4. **簽訂合約** 經過與設計師圖面溝通討論確定後，並解說合約及保固條款、施工流程、匯款方式等，再次確認後，進行簽約和收取訂金。

5. **下單製造** 開始進行模組化傢具的生產與製作。

6. **施作安裝** 與業主約好時間，安排專業安裝師傅前往家中組裝。

7. **完工驗收** 安裝完成後，再次與業主確認產品項目與品質。

一 注意事項 一

● **再次確認合約內容：**簽完合約後，務必再次確認內容是否與洽談內容吻合，尤其是板材、五金等品牌要再次確認，以免完成後才發現與原先挑選的不一樣。

● **要求出示保證書：**板材、五金部分最好請廠商出示認證書，以確保品質。

● **確認售後服務與年限：**每家廠商幾乎都會附保固服務，建議需再做確認服務範圍與年限，以免日後因服務項目或年限而有所爭議。

工廠直營

工廠直營的系統傢具廠商，目前有兩種形式，一種是獨立接案，另一種則是與設計公司配合。

獨立接案沒有店面，多以網路作為宣傳廣告，有興趣的消費者便自行聯絡進而了解後續相關設計流程；與設計公司配合則是設計師會將所需的系統傢具繪製成設計圖後，再交由工廠進行後續的下料、組裝等服務。

攝影 梁淑娟

優點

工廠直營的系統傢具廠商沒有獨立店面，也不需要負擔相關門市店員成本，故在費用上回饋給消費者，多半費用會比較低一點。

缺點

正因沒有門市成立，尋求後續保固服務時必須更留心，讓服務能更完善。板材品牌來源未必全然是市場所熟悉的品牌，選用時也須留心。

價格計算

系統傢具所需的材料費用（包含板材、五金配件、門片等）、系統傢具運送費用（搬運相關材料等）、到府安裝組裝費用等。

【訂製流程】

1 丈量服務 至府上進行丈量服務，實際了解居家整體空間和動線狀況，就環境、使用需求、預算等做更進一步的了解。

2 設計討論 針對所需的生活需求做適合空間的系統傢具配置設計圖，並再做設計上的細部解析。

3 確認圖面 再次確認設計圖面是否符合需求，就細節處再做修改與調整。

4 簽訂合約 經過與設計師圖面溝通討論確定後，並解說合約及保固條款、施工流程、匯款方式等，再次確認後，進行簽約和收取訂金。

5 下單製造 在與業主簽約、確認圖面後，便準備下單，工廠備料、製造、出貨。

6 施作安裝 與業主約好時間，安排專業安裝師傅前往家中組裝。

7 完工驗收 安裝完成後，再次與業主確認產品項目與品質。

—注意事項—

● **再次確認合約內容：** 簽完合約後，務必再次確認內容是否與洽談內容吻合，尤其是板材、五金等品牌要再次確認，以免完成後才發現與原先挑選的不一樣。

● **要求出示保證書：** 板材、五金部分最好請廠商出示認證書，以確保品質。

● **確認售後服務與年限：** 由於沒有門市店面，後續保固服務該如何進行，甚至是服務年限多久，都建議在合約上附註說明，以確保自身權益。

PLUS
傢具也能
系統化

模組化系統傢具

由於是模組化系統傢具，施作上節省時間，同時也能降低粉塵與噪音的污染。但由於模組化系統傢具有與實木材料做結合，遇水氣、濕度較重的空間，使用上仍要留心之外，也建議再次與廠商確認是否符合使用範圍。

定位在模組化系統傢具的廠商，試圖將傢具與系統傢具兩形式做結合，有鑑於對材料、工法的熟悉，以模組化、預鑄工法交互運用的生產方式，製造出模組化系統傢具，不只讓傢具變得更靈活多樣，也更添真實的溫度。

一般來說，以模組化、預鑄工法交互運用製成相關的模組化系統傢具，在設計上可結合實木或實木貼材素材，也能做一些造型處理，讓傢具看起來更具特色。

圖片提供 有情門

圖片提供 有情門

圖片提供＿Z軸空間設計

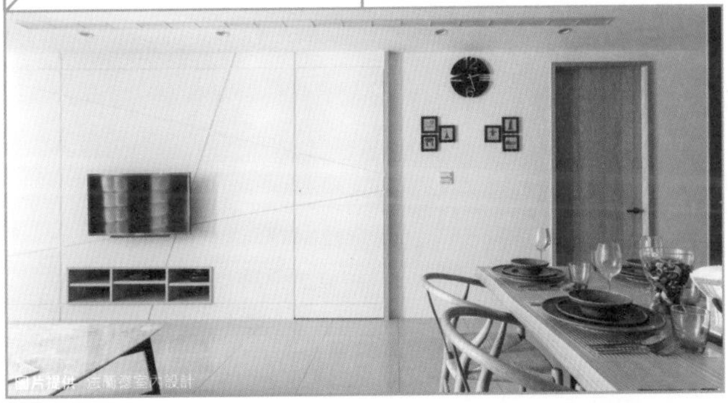
圖片提供＿法蘭德室內設計

Step 3

空間規劃

高櫃、矮櫃、牆櫃，因應空間需求，多種款式千變萬化超好用雖然沒有木作的花俏造型，但系統傢具一樣可以藉由高櫃、矮櫃以及五金等，來增加收納櫃體外觀與內部的變化，有時為了增加空間機能性，甚至還能延伸做出茶几、邊桌或是臥榻等設計，靈活性與設計感並非如刻板印象中的單調，不論放在任何空間都能有型又好用。

空間規劃最容易發生的NG行為

NG
這個空間怎麼利用？

遇到畸零空間，系統傢具就不能用!?

家裡坪數小形狀又不方正，系統傢具尺寸、樣式都系統化了，是不是就無法配合空間做變化!?

OK
加上層板、做成臥榻，
原來也可以用系統傢具這樣做。

善用系統傢具，不浪費空間一樣很好用

系統櫃雖然已系統化，但仍可依空間做變化，其中小坪數空間可利用五金強化收納功能，畸零空間則除了要避免弧面造型外，其餘皆可以系統櫃完成。

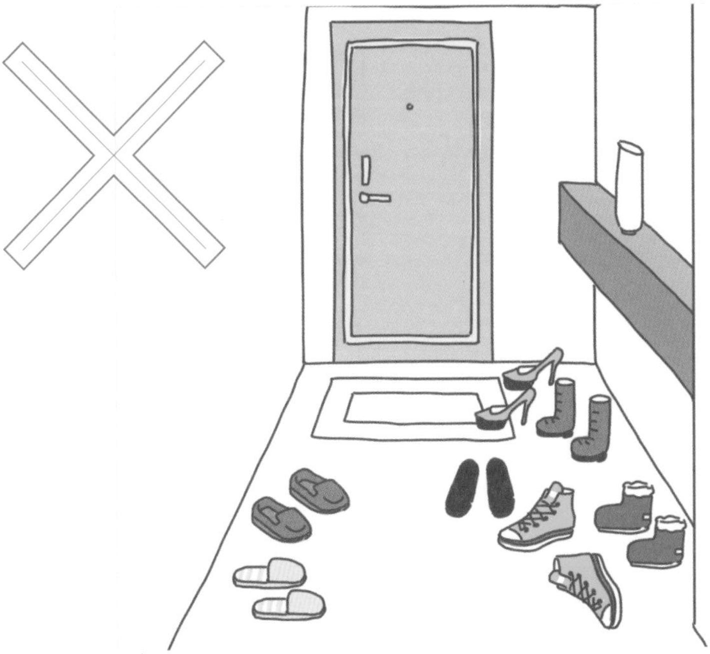

NG

玄關空間太小，想要收納結合穿鞋椅又有全身鏡，系統傢具做得嗎到？

不想只有收納，還想結合其他功能，是不是非得找木作師傅才行？

OK

做好規劃，就能組出好用收納櫃

其實系統傢具不只是收納櫃，只要提出需求，還能結合坐椅和整容鏡等功能，不只更有效運空間，也相當便於實際生活需求。

玄關

玄關，掌管整體居家的視覺門面，賦予了空間給人的第一印象，同時兼具實質的機能需求，故而成為空間設計相當重要的一環。原則上，玄關坪數通常不大，配置不宜一味追求「量」的堆疊，容易導致壓迫和狹隘之感，建議可以從多方面重點著手，如：走道寬度、使用動線、屋主需求、風格、色彩……，統合所有素材合併思考。

TYPE 1

玄關格局限制，櫃體應因地制宜

既有格局明確畫出玄關位置，卻也限制住它的範圍，進而影響櫃體的呈現形式和大小，常見有狹長和方正二種類型，前者易因立櫃過高產生狹窄感，後者須配合客廳動線，容易造成規劃不當難以使用。

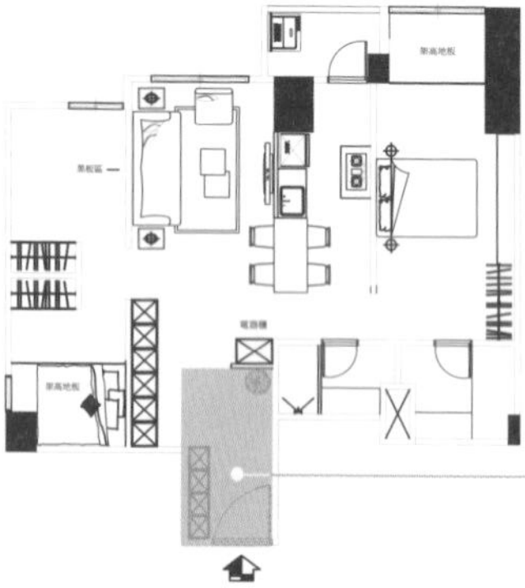

狹長玄關不宜做頂天立櫃，容易加重空間壓迫。

圖片提供 澄橙設計

SOLUTION.1

圖片提供 達譽設計

整面櫃牆滿足收納，設計手法減輕壓迫

白色面板、懸浮設計、櫃體局部鏤空，三項合一，化解整面櫃牆易有的笨重和壓迫感。

延伸櫃體底座結構規劃一張穿鞋椅，完整玄關的舒適性和使用性，也是美麗端景牆。

鞋櫃下方木層板加厚，形成有「面積」的線條裝飾於櫃體下緣，提升櫃體質感，厚度 4 公分。

SOLUTION.2

圖片提供 澄橙設計

狹長玄關以矮櫃舒緩，柱形立櫃往後退

兩座立櫃中央插入一座展示櫃，增加視覺變化。

穿鞋椅北美胡桃木帶出鄉村風格；鞋櫃採用的白橡木系統板材呼應地坪木紋，清爽不單調。

穿鞋椅椅下收納室內拖鞋，方便換穿再進入室內，動線流暢。

SOLUTION.3

圖片提供 思維設計 Thinking Design

懸浮與鏤空，解放小玄關的開闊感

上櫃和下櫃中空規劃置物檯，讓出空間的透視感，加強玄關開闊性。

利用不同磚材明確劃分玄關地界，櫃體採用白色浮雕壓花板材，彰顯質感，卻不搶走花磚風采。

抬高櫃體減輕視覺重量，隱藏透氣孔並騰出空間便於放置常穿的便鞋，一舉數得。

TYPE 2

櫃體取代隔間，需注意櫃體大小與動線流暢

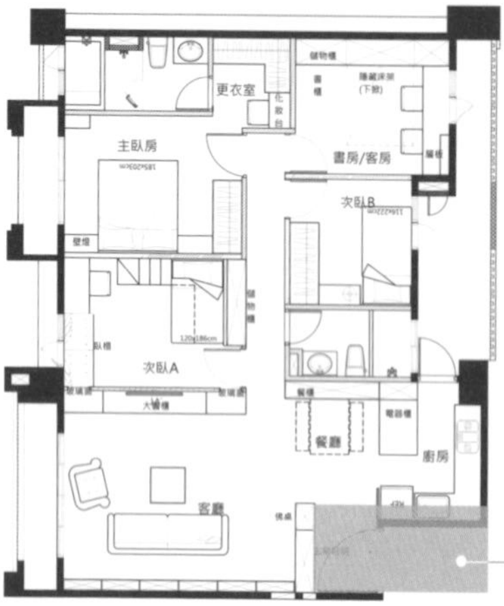

圖片提供 澄橙設計

原始格局沒有明確界定玄關範圍，故常見以櫃體隔出一個過渡區做替代。此類型的鞋櫃，因應大門與整體空間的相對關係有所差異，易因擺放位置失當或量體過大，反而影響居家動線或導致壓迫感。

原格局無玄關，沒有設置鞋櫃空間，並且入口直接面對客廳窗戶，造成穿堂煞的風水禁忌。

SOLUTION.1

圖片提供 思維設計 Thinking Design

L 型鏤空鞋櫃，框架完整玄關

運用 2 座櫃子搭配 L 型木質檯面，巧妙區劃玄關範圍，解決風水禁忌，也帶來視覺變化。

櫃與櫃保留些許距離，下方做懸浮式設計，打開空間穿透視野和採光，坪數雖小卻不擠迫。

SOLUTION.2

圖片提供 思維設計 Thinking Design

造型鞋櫃融入環境與裝飾目的

一大一小的鞋櫃共組造型，符合客廳的裝飾性，矮櫃也能充當玄關置物檯。

大門緊靠牆邊，鞋櫃採「一」字型，簡單分界玄關和室內空間。

下方檯面規劃傘盒，內凹深度 16 公分；延伸電視牆檯面的梧桐木色，形成一條溫暖色帶。

櫃體懸空營造輕盈感，並隱藏透氣孔。

SOLUTION.3

圖片提供 澄橙設計

大鞋櫃兼隔牆效果，為空間做劃分

鞋櫃上方增加疊櫃做到頂天立地，區隔空間並導引入門動線，適度遮掩居家後方私領域。

木製系統櫃面板植入工業鐵件元素和粗獷黃銅色把手，彰顯櫃體風格，加上玻璃門片具備防塵效果。

櫃體上下隱藏缺口，不影響美觀兼具透氣效果。

TYPE 3

玄關納入其他區域，櫃體造型需融入空間

開放式的空間設計打開居家寬敞感受，索性也將玄關一併納入、整合規劃。這類型玄關經常因為櫃體造型無法融入空間，而讓鞋櫃變成突兀的存在。

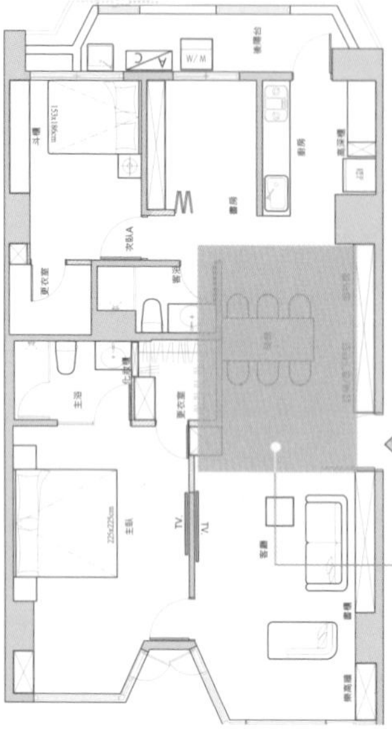

開放空間，櫃體造型需呼應空間風格。

圖片提供 澄橙設計

SOLUTION.1

圖片提供 思維設計 Thinking Design

櫃體形塑風格，收納成為空間端景

讓鞋櫃與天花之間維持舒適高度，緩和大型櫃體柱子般的厚重，將呆板感降至最低。

沉穩的深灰色調背景，選擇白色帶有浮雕裝飾面板突顯櫃體的存在感。

結合斗櫃形的立體造型，加強與客廳連結；深木色可動式檯座注入溫暖，亦是簡易電腦桌。

SOLUTION.2

圖片提供 懷特設計

精緻化造型，讓鞋櫃都不鞋櫃了

把常見於廚具的結晶鋼烤板，移植到鞋櫃設計提升質感，並與鄰近的廚房產生互動。

局部加入抽屜設計，方便收納小物。

隱藏把手、立面設計講究清爽，襯著相當有個性的水泥壁紙，加強畫面張力。

櫃體懸空創造輕盈視覺，底部隱藏透氣孔，不影響美感呈現。

SOLUTION.3

圖片提供 思維設計 Thinking Design

整合餐櫃共同規劃，一舉數得

打上洗牆燈點亮空間，營造櫃體的層次感。

延伸黑與白的配色準則，白色木紋搭配黑色鐵件元素和木框，有條不紊地串連起整個空間。

櫃面力求平整，穿插一座展示櫃，帶入風格元素，訂製鐵網門具有展示性，也適度遮掩凌亂。

鞋櫃延伸整合餐廳功能，因整座櫃子長度較長（立櫃面寬 3 米），前方改做懸空設計，減輕厚重感。

玄關系統櫃化解風水、滿足收納

為避免一入門就見到餐廳、廚房的風水禁忌，在大門左側以系統板材設計一座白色玄關牆櫃，達到收納與遮蔽入室目光的雙重效果。並於面對客廳的視線搭配以鐵件與大理石做出屏風展示牆，除有遮擋作用，也深具設計創意與空間美感。

圖片提供 法蘭德室內設計

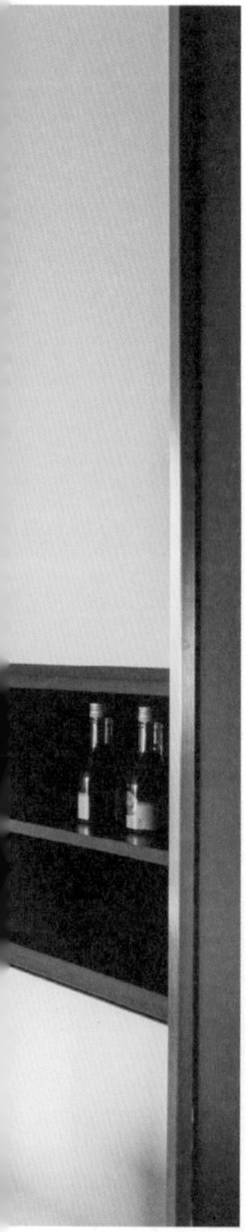

［設計］在白色玄關櫃中間夾入鐵件展示層板，讓牆櫃的設計更具變化性，同時層板也可放置小物。

[材質] 玄關櫃背牆運用黑鏡作美背設計，讓餐廳面能有延伸放寬的視覺與鏡面主牆。

[設計] 餐廳區以類似玄關的設計語彙與相同材質，配置了屬於餐廳的收納廚櫃。

收納由大到小整合多重機能

屋主喜歡溫暖簡單的居家風格，設計師根據空間原始狀況將電視牆規劃在入口右側，但牆面寬幅有限，因此櫃體必須同時思考電視櫃及入口玄關所需機能，利用系統櫃簡單俐落的特性，架構出所有收納需求。

圖片提供 Z軸空間設計

［設計］系統櫃根據牆面結構包覆天花大樑以發揮空間坪效。

［設計］規格化的系統櫃能呈現屋主喜歡的簡約調性，不但大幅降低預算，同時提升小空間的施工效率。

［設計］利用系統櫃架構的電視牆不但整合玄關所需機能及收整視聽設備，也能架構出收納 DVD 及拖鞋收放等小細節。

最低限的線條設計，傳達黑白簡約調性

因應屋主喜好以黑白分明作為空間主調，玄關入口鞋櫃、收納櫃體分割減至最低限，以最簡化的線條表達現代極簡，材質調性也巧妙予以統合，鋁料把手、鐵件展示櫃、石材檯面，讓手感溫度維持在一致的觸感上，霧面鍍鈦鐵件框架具有輕薄與極佳韌度，讓櫃體擁有功能與視覺上的細膩層次。

圖片提供 日作空間設計

［材質］選用霧面烤漆板材，具有細緻滑順的手感，居家保養清潔也相對簡單。

［設計］懸浮矮櫃檯面選用石材，並透過檯面下凹退縮設計，衍生出隱形把手功能。

［設計］將常用於廚具的鋁料 C 形把手烤漆為黑色，既有實用性，也以最精簡的線條分割完成櫃體立面設計。

［費用］NT.20,000 元

［費用］NT.80,000 元

低調時尚的玄關 鏡櫃隱藏機能美

從玄關走進室內，右側就是整面黑鏡牆櫃，反映出更寬敞的動線外，也內藏了鞋櫃等出入的收納機能。而黑色鏡牆的低反光色塊同時可以做為餐廳區的璀璨主牆，不僅反映出餐廳的簡約場景，深色牆面也有助於讓餐廳的定位感更強烈。

圖片提供 頑渼空間設計

［材質］透過玄關鏡櫃與書房鏡牆的遙相呼應，讓設計語彙與材質元素一再重複而強化整體感。

［設計］黑鏡櫃在右轉入開放書房的面向另規劃 CD 櫃，藉由多面向櫃體設計滿足各區域收納需求。

［材質］藉著大面積的鏡面拉門來隱藏內部以系統櫃體設計的玄關收納機能。

統一空間與櫃體用色，強調俐落與一致性

玄關延續灰白色調，靠牆的主要白色收納櫃，若皆以高櫃規劃，難免產生壓迫感，因此利用尺寸比例化解沉重並避免讓櫃體淪於呆板，唯一的高櫃靠牆，中段則以鏤空做設計，方便一進門隨手擺放小東西，而少量點綴的木紋則能注入溫暖調性，緩和灰白色調為主的冰冷感。

圖片提供 沐澄設計

［設計］懸空設計，方便擺放室內拖鞋或常穿的鞋子。

［材質］鏤空檯面木紋延伸至立面，豐富視覺也增添溫暖觸感。

鞋櫃組合著重質感呈現

玄關地坪以屋主喜愛的六角形花磚做鋪陳，藉由不同層次深淺跳色主導風格走向，故在櫃體板材改以淡雅的白木紋著重於質感呈現。規劃上，考慮近2米的玄關面寬偏長，將畫面切割為鞋櫃和穿鞋椅二個區塊，運用多個幾何方塊進行拼組，讓收納多了份趣味性，也分散了櫃體的厚重感，實用且不壓迫。

圖片提供 澄橙設計

［尺寸］上櫃和下櫃中央空出60公分落差，當作臨時置物檯；下方懸空20公分，則可置放日常便鞋，同時提升視覺輕盈感。

［材質］鞋櫃門片以訂製金屬烤漆沖孔板為「面」、白木紋系統板為「框」，配上小巧的復古把手，兼顧到櫃體的質感、透氣和風格三重面向。

［設計］在玄關尾端製作一張穿鞋椅，上下仍做收納機能，讓一家人能從容地穿脫鞋子，也打開玄關與客廳間的穿透視野。

電視櫃延伸融入鞋櫃設計，建構簡約玄關

大門位於居家最前方中央位置，原格局並沒有明確的玄關，運用地坪材質在入口處區隔一個過渡空間，延伸電視牆納入鞋櫃設計，打造長度超過3米的大面風格牆，自然樸實的木質紋理形塑溫馨雋永的生活情韻，承載多重機能亦為空間做整合。

圖片提供 思維設計 Thinking Design

［色彩］鞋櫃門板選擇貼近電視牆的偏白色木紋板，讓整體規劃更趨一致性。

［設計］鏤空把手賦予鞋櫃透氣功能，簡約線條顯得平和、不壓迫。

［尺寸］將鞋櫃和電視牆採取約 3：1 的比例分割，避免電視牆過於厚重，並將鞋櫃層板改為可抽拉形式，解決鞋櫃過深（65 公分）、收放不易的問題。

溫暖木素材，減緩高櫃壓迫感

牆面內縮替原本狹隘玄關創造出收納空間，面對仍顯狹長的玄關，櫃體門片採用輕淺的梧桐木紋，營造輕盈、溫馨感，斜切45度隱形把手設計，強調櫃體俐落、簡潔造型，弱化置頂高櫃壓迫感，視覺上也具開闊空間效果，有效改善狹長型玄關窄小、侷促感。

圖片提供 耀昀創意設計

［材質］梧桐木紋門片，利用縱向木紋延伸視覺，營造寬闊感。

［設計］中段內凹設計，方便進門隨手放置隨身小物。

［設計］櫃高約230公分，懸空設計加上間照光源，可營造高櫃輕盈感，也具夜燈照明作用。

系統板材隱藏鞋櫃、儲物櫃

一進玄關右側即面臨一根結構柱，設計師巧妙利用系統櫃板材包覆，不但修飾了柱體，面向玄關的地方更創造出鞋櫃，左側突出部分則是融入換季家電收納的儲物櫃，讓櫃體消失於無形，也減少空間線條的干擾。

圖片提供 苑茂室內設計工作室

［尺寸］儲物櫃深度達60公分，十分適合收納家電或行李箱，鞋櫃部分深度也做到50公分，比起基本的40公分更好用。

【費用】系統板材 NT.43,750 元

［設計］以灰黑基調混合原木素材的自然居家，對應染灰的系統板材立面的另一側，特別選用香杉實木作為隔間，形塑視覺焦點。

客廳

客廳是一個家的門面重點區域，尤其為了創造出寬闊空間感，客廳和書房、餐廚之間多以開放格局作規劃，也因為如此，客廳區域的收納不再以單純電視櫃為主，也許會納入展示、閱讀等更為多元的用途，不論如何，客廳的櫃體設計可視需求調整外觀設計，例如講究視聽設備者就得將音響、喇叭等設備納入考量，一般簡單的電視櫃則是可運用開放、抽屜等俐落的形式規劃，也較省空間。

TYPE 1

跨領域客廳格局最怕櫃體凌亂與尺寸錯誤

客廳電視牆接續玄關或餐廳是常見格局之一，也由於牆面長度橫跨不同空間，櫃體機能安排、造型設計及材質整合，便成為重要關鍵要素，舉例來說，鞋櫃深度約莫35～40公分，但書櫃約只需要30～35公分，然而設備櫃通常又會做至50公分左右，另外建議可局部搭配木工或運用板材花色讓這面多功能的櫃牆更具變化性，且能成為空間焦點。

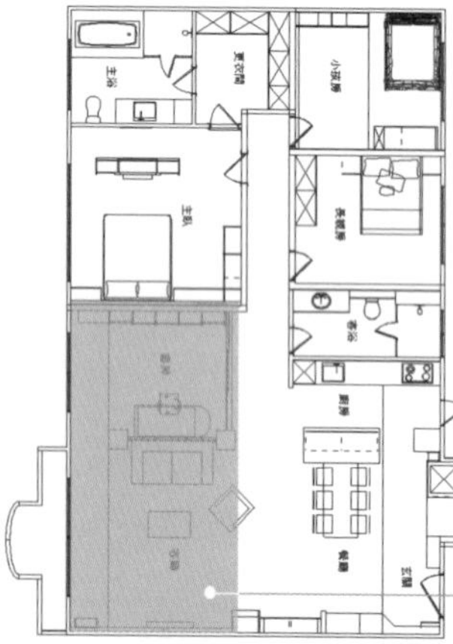

圖片提供 苑茂室內設計工作室

整合鞋櫃、鋼琴區及電視櫃的客廳收納，輕重比例的機能安排相當重要。

SOLUTION.1

圖片提供 德力設計

結合展示、書籍收納的多功能櫃牆

將門片內縮至系統櫃立柱的做法，讓櫃體看起來更俐落，也會有木作的質感效果。

為突顯多功能櫃牆的簡潔俐落，客廳區域的設備櫃轉而搭配木作方式，無接縫的門片設計，讓人絲毫察覺不出其門縫線條。

SOLUTION.2

圖片提供 裏心設計

混搭原木色層架、平檯木作，大幅提升系統櫃的可變性

白色為主的櫃體為系統板材構成，創造清爽無壓的視覺效果，局部以原木色拉出平檯的帶狀線條，為空間帶來律動感，也增加系統櫃的豐富性。

總面寬 440 公分、高度 220 公分、深度 40~50 公分（書櫃 40、設備櫃 50）臥榻寬 70 公分。

透過延長門片或是板材切割預留等無把手的設計做法，讓櫃體更形簡約耐看。

設備櫃上端的原木色木頭平檯因跨距為 200 公分，底下搭配木作立柱分隔作為結構的增強。

TYPE 2

開放廳區的櫃體高度，位置最易造成壓迫

在開放式廳區的型態之下，另一種面臨到的格局問題是當客廳、餐廳為開放且面對面的時候，櫃體設計的尺度必須更為仔細拿捏。以高度來説，會建議在大約 110 ～ 120 公分左右，讓兩者之間維持在保有穿透與開闊的空間感，或者是直接安排於側牆上，反而會有更釋放坪效的作用。

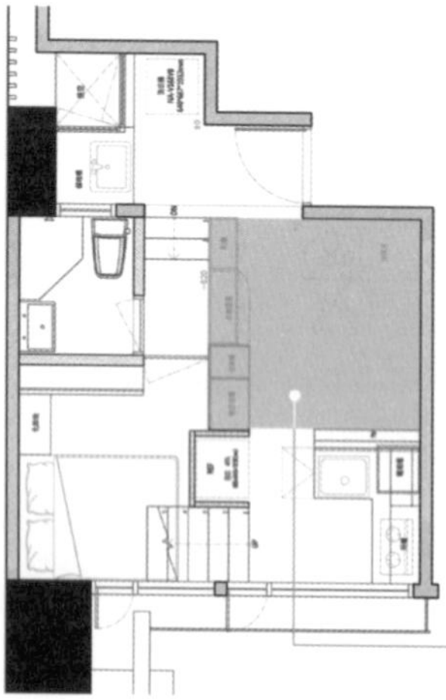

圖片提供 力口建築

只有 11.5 坪的小住宅，客廳空間十分擁擠壓迫，但又需要充足的收納。

SOLUTION.1

圖片提供 裏心設計

櫃體臨窗設計，獲取完整綠意採光

透過可旋轉的鐵管，加上設備櫃與書櫃都安排在臨窗區域，客餐廳的空間感全然地開放毫無阻擋，且可擁有大面綠意與舒適的光線。

CD 櫃／書櫃的系統板材預留鐵管的直徑尺寸，以便後續的安裝。

SOLUTION.2

圖片提供 力口建築

中島隔間櫃 整合公共廳區收納

利用客廳和臥房的地面落差高度，創造出收納櫃、鞋櫃以及餐廳電器櫃功能。

中間矮櫃結合座椅並搭配鏤空與玻璃材質，讓小房子視覺保有穿透延伸。

整座中島櫃大量利用白色調，製造輕盈透亮的空間感。

SOLUTION.3

圖片提供 力口建築

電視櫃整合 系統廚櫃

電視後方除了將預埋鐵件於系統板材之外，左側牆面也有預埋鐵件於實牆內，懸臂式概念加強結構。

長45公分、深度50公分、高90公分。

電視下方是利用系統櫃整合系統廚具的做法，利用廚具轉角的深度挪給客廳做為設備櫃使用。

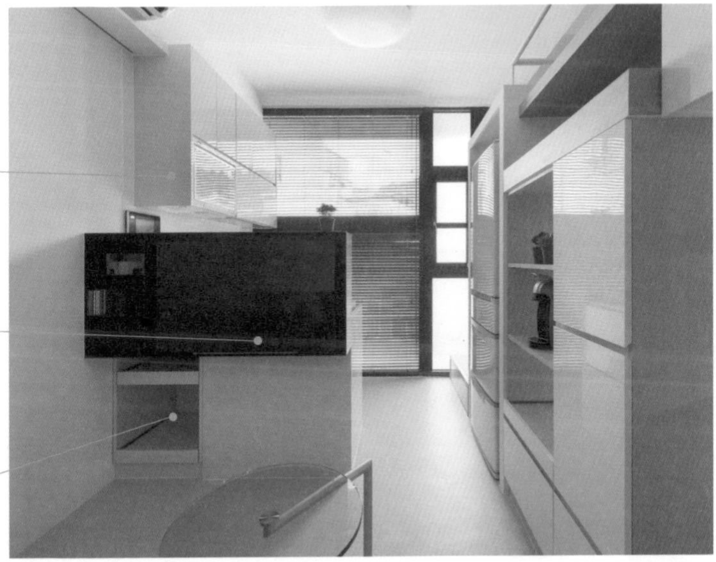

TYPE 3

客廳副牆、隔間未能妥善利用

圖片提供 德力設計

除了放置設備櫃的電視主牆，當沙發並未倚靠水泥牆面，也可以利用這道附屬牆面創造出收納或是展示功能，可以是一道腰櫃、高櫃或是落地的櫃牆，端視空間的條件為何，如果是落地櫃牆，則要注意空間的尺度與櫃體本身的顏色是否會造成壓迫。

客廳側牆原本為擺設沙發用途，但由於空間實屬寬敞，若僅擺設沙發傢具，輕重比例會過於無法協調。

SOLUTION.1

圖片提供 德力設計

沙發側牆創造悠閒閱讀角落

櫃體上、下兩端皆貼飾鏡面，以及採取懸浮設計，淡化大面櫃牆的沈重感。

特意不規則的穿插門片式設計，避免大面開放書櫃／展示櫃過於呆板無趣。

利用客廳的側牆區域創造大面櫃牆，創造出閱讀角落、陳列展示功能。

SOLUTION.2

圖片提供 雲墨空間設計

懸浮式 CD 櫃、收納櫃，擴充客廳收納

兩者皆為 BESTA 系列，有不同的門板材質和顏色可自由搭配運用，牆面高處搭配黑色作為帶狀的空間延伸效果，沙發側邊則以白色並採取懸浮式設計，降低壓迫，也成為進門後的視覺端景。

CD 櫃寬度 180 公分、深度 40 公分、高度 38 公分。

選擇使用平價品牌 IEKA 作為沙發背牆的收納機能擴充，也能充分節省預算。

白色櫃寬度 120 公分、深度 40 公分、高度 64 公分。

黑鏡＋木皮，書櫃變身時尚主牆

打開隔間牆的書房成為客廳沙發背景牆，為了提升裝飾感，同時兼顧收納性，選擇以系統櫃體搭配黑鏡牆做表現。左側大片的鏡牆搭配不鏽鋼層板呈現現代感，與貼木皮材質的櫃門形成對比反差；此外，內凹的鏡牆與齊樑的櫃體也將天花板上的大樑消弭不見，只剩下都會感十足的主牆。

[設計] 在木牆櫃中穿插黑鏡層板櫃，一來呼應左側鏡牆，同時讓大面積的木牆櫃更活潑化。

[材質] 為增加裝飾性，捨棄局部收納櫃改以黑鏡裝飾，搭配不鏽鋼層板更顯冷冽質感。

[設計] 黑色層板櫃除可做開放書櫃使用，也可經常更換擺設飾品形成主題牆面。

[材質] 櫃體內採系統傢具桶身，外面則覆以貼木皮的門片來增加自然實木感。

圖片提供 頑渼空間設計

異材質結合呈現精緻與粗獷質感對比

空間在現代風的基調中，設計師思考如何運用最簡約的手法創造出牆面櫃的裝飾功能，同時對應不同區域及需求規劃複合收納機能，而在系統傢具之外巧思的結合自然材質，營造色彩與材質的對比美感。

圖片提供 大晴設計

[設計] 在臨近玄關、客廳的位置巧妙地規劃出實用性十足的收納功能，發揮系統傢具靈活的組合特色。

[材質] 運用系統傢具規格化特質，選擇冷調霧面白色板材創造現代風的理性，而橫跨牆面的大器尺寸成為空間的主要背景。

[材質] 牆面櫃置放電視的部分，將預製好的系統櫃組裝完成後再結合天然薄石材，創造出異材質結合的藝術性。

系統櫃與木工聯手打造主牆與收納

客廳主牆後方為臥房，為同時解決收納與造型，設計師透過木工訂製，客廳面以切割線條裝飾出現代風主牆，並在電視機下方以內嵌方式安插電器櫃，滿足主牆設計感與功能性。而房間內則以系統板材安排櫥櫃設計，讓一牆雙用的設計更實用。

圖片提供 法蘭德室內設計

[設計] 以系統櫥櫃搭配木工設計取代實牆，爭取了更多的空間利用。

[材質] 電視牆正面是採用木工美耐板貼皮，搭配切割線條做風格裝飾。

[設計] 電視牆下方電器櫃與牆後房間的系統櫥櫃，以互嵌方式設計打造，滿足雙邊的需求。

一座大「相框」，收納生活的風景

採光明亮的客廳，以木材質為主軸打造自然舒適的北歐居家，參考IKEA等北歐品牌的櫃體設計，將它放大到一整面牆來整理客廳收納，懸空造型彷彿一個大相框，開放展示出一家人的日常生活和擺飾蒐藏，再放上簡易整理盒藏起凌亂雜物，機能靈活；樣式上，配合家中小朋友的年齡，選用繪有動物塗鴉的收納盒，展現十足童趣。

[尺寸] 整座電視櫃高度 150 公分，深度 50 公分，寬度 310 公分，下方懸空 35 公分。

[設計] 櫃子中央空出一整塊平面納入電視牆設計，下方略厚藏起管線配置，上方約 10 公分檯面則可供手作小飾品擺放。

[設計] 收納以開放為主，加入藍、白 2 色抽屜，方便收納鑰匙小物，中間刻意留下細縫，既好抽拉，視覺上，也和收納盒形成搭配。

[材質] 此一櫃子的量體較大，主框架更加厚至 4.5 公分，利用白橡木蜂巢板製作，看中材質重量較輕特性，讓視覺不顯笨重。

[設計] 在櫃體和落地窗之間，增設一個黑色窄櫃形成類似窗簾盒效果，卻不影響電視櫃的輕盈感；下方懸空高度考慮喇叭收納，增加至 50 公分。

圖片提供 澄橙設計

創意運用木紋板材豐富空間層次

僅有18坪的小住宅，不但只有單向採光也沒有足夠的儲藏空間，加上橫跨的天花大樑都讓空間不好運用，設計師轉化這些缺點充分運用樑下位置，以森林的概念巧思運用系統傢具的多種木紋紋理板材，營造溫暖的空間氛圍。

圖片提供 大晴設計

[設計] 在單側系統板材嵌入金屬把手，提升板材呈現的質感，平整的立面也更有整體感。

[材質] 收納櫃運用 6 種不同木紋的系統板材排列，形成具有豐富天然紋理的裝飾立面。

[設計] 將尷尬的樑下空間規劃為電視牆及收納櫃，規格化的組裝尺寸也減少小坪數施工所需人力。

材質混搭豐富櫃體表情

老屋最常有樑柱過多問題，此時將櫃體與樑柱結合設計，便可達到修飾與增加收納功能；因此將電視牆與櫃體做串連，形成一個大尺度立面，藉此突顯客廳大器印象。避免大面積使用單一櫃體容易顯得單調，採用梧桐木及白梣木二種門片做變化；中段內凹設計有串連上下櫃作用，同時也擔負展示收納功能。

圖片提供 耀的創意設計

［材質］茶玻玻璃門片增添櫃體視覺多樣化。

［材質］下櫃選用白梣木門片，淡化櫃體沉重感。

［材質］內凹收納背板貼覆茶玻，搭配間照光源，強調展示效果。

書牆化解樑下壓迫，收納加乘美感

客廳後方有一橫樑通過，故以整面書牆消弭空間的壓迫感。將展示需求帶入櫃體構思，以淺色木紋層架呼應地坪顏色，對比深色木紋的立板，帶來色彩變化兼顧視覺舒適性；同時，加長層板跨距減少線條切割，維持面的清爽。後方儲櫃結合樂高積木做設計，替淨白居家植入趣味的創意活力。

圖片提供 澄橙設計

[設計] 結合系統板材和樂高積木底板進行門片規劃，讓一家人能自由創作，為收納物件增添無限想像。

[尺寸] 櫃體做到樑下，總高度220公分，深度30公分，寬度為360公分。

[材質] 在四柱立板前方裝上鐵片修飾立面視覺，為木質空間添加些許工業風的粗獷個性。

[尺寸] 單片層架長約120公分，是一般系統層板的3倍，特別委託廠商訂製厚度4公分的板材，以提升層板的承重性兼具裝飾效果。

[設計] 櫃體刻意不做背板，保留層架的感覺，視覺更見輕巧。

鐵網門片呼應風格，半穿透視感化解凌亂

年輕屋主夫妻平常喜歡收集公仔、旅遊紀念品，設計師利用結構樑之下規劃結合展示與收納的櫃體，一旁的電視櫃則是以線條俐落的長形檯面打造展示櫃。有別於傳統系統櫃的現代或是古典，此處以鐵網作為門片，搭配質樸的灰泥刷飾牆面、大樑，既有營造loft風的效果，也能淡化樑的存在。

圖片提供 珞石室內裝修有限公司

[設計] 兩側櫃體採取懸浮式設計，比起一般的系統櫃多為落地式，會有木作的質感錯覺。

[設計] 兩側櫃體運用不同的門片設計，一是半穿透的鐵網材質，一是開放結合抽屜形式，搭配佈置，創造系統櫃的多變性。

仿壁爐造型，巧妙隱藏設備櫃

3＋1房的格局，為了維持電視牆立面乾淨俐落，設計師於其左側規劃仿壁爐造型柱體，文化石下方搭配鋁框茶玻門片與系統櫃，創造出視聽設備的收納空間，上方側邊則是提供雜物儲藏的櫃子，透過設計手法讓收納藏於無形。

圖片提供 苑茂室內設計工作室

[費用] 系統櫃板材 NT.8,950 元、門片 NT.8,250 元

[設計] 利用仿壁爐造型柱體置入系統櫃體，比單一的系統櫃更具設計感。

[色彩] 暖色調的地壁建材，包括主牆選用仿清水模、磚牆，降低觀賞電視時的視覺干擾。

清水模板材 裝點空間個性

開放式空間規劃，利用優雅簡潔的色調，營造出空間的開闊感，也呈現清新氛圍，為維持此一開放感，收納規劃在過道位置，大型立櫃可同時滿足客餐廳甚至書房需求，另外選擇以清水模塑合板修飾外型，讓櫃體不只融入空間風格，更是空間裡的視覺亮點。

圖片提供 築夢室內設計

［材質］門片選用清水模塑合板，呼應空間質樸個性。

［設計］利用比例做變化，避免單一尺寸讓櫃體看起來太過呆板。

以系統傢具強化立體電視牆收納力

為了因應玄關與客廳的雙區設計需求，利用客廳電視牆的後方設計一座複合式立體櫥櫃，除了在正面大理石面材的下端以內嵌造型的電器櫃做設計外，側面則是收納鞋物的玄關櫃，另外，在電視櫃右側規劃為後方房間用衣櫃，讓造型與實用機能同時被滿足。

圖片提供 法蘭德室內設計

[設計] 電視牆內運用系統板材來訂製出不同收納格櫃，滿足玄關與大物件的收納需求。

[材質] 以系統櫃與大理石材做整合，可突顯大器質感、省下木工預算，最重要是同樣能滿足各方面需求。

[設計] 厚實櫃體的下方刻意以騰空與間接照明來做輕量化設計，同時也可讓地板面積有放大感。

活用畸零空間，變身好用收納

原本內凹的畸零空間，嵌入系統櫃後藉由臥榻與另一端的櫃體做串連，巧妙形成一個悠閒小空間；嵌入櫃體以層板收納為主，避免封閉式產生壓迫感，同時也是考量此區的收納便利性，架高臥榻下方，以拉抽方式設計，增加收納空間滿足收納需求。

圖片提供 耀昀創意設計

[設計] 上掀式門片增加收納空間深度，也方便收取物品。

[尺寸] 考量跨距問題，臥榻下方收納切割成三個 40～50 公分的拉抽收納。

[材質] 以板材包覆樑柱，淡化樑柱突兀感，利用木素材統一空間調性。

靈活運用系統櫃組合特性創造空間特色

屋主喜歡實用與美感兼具的設計，設計師充分運用系統傢具打造空間，將挑高的小空間發揮最大的收納機能，白色基調空間中選擇樺木紋理板材為主要調性，造型上則以幾何方塊概念來組合出多種櫃體變化。

圖片提供 大晴設計

[設計] 以俄羅斯方塊的組合概念設計沙發背牆櫃，門板內縮的方式留出桶身的櫃邊，運用巧思在制式的系統板材中創造變化。

[設計] 木紋板材搭配黑色鐵件打造略帶工業感的現代風格，使系統板材在異材質的結合下展現不同個性。

[設計] 發揮系統傢具能事先預作優點，在銜接樓層的樓梯內設計複雜的抽屜收納，也提升小空間的施工效率。

木作、系統交疊出黑白律動收納櫃

橫跨玄關與客廳交界並一路發展為設備櫃的470公分長櫃子，為了表現連續、黑白分明的律動感，櫃身、櫃體部分選擇以木作染色保有線條的完整性，抽屜再適度搭配系統板材完成。此外，壁面吊櫃雖然為系統櫃，卻細膩地以無把手設計，提升系統櫃質感。

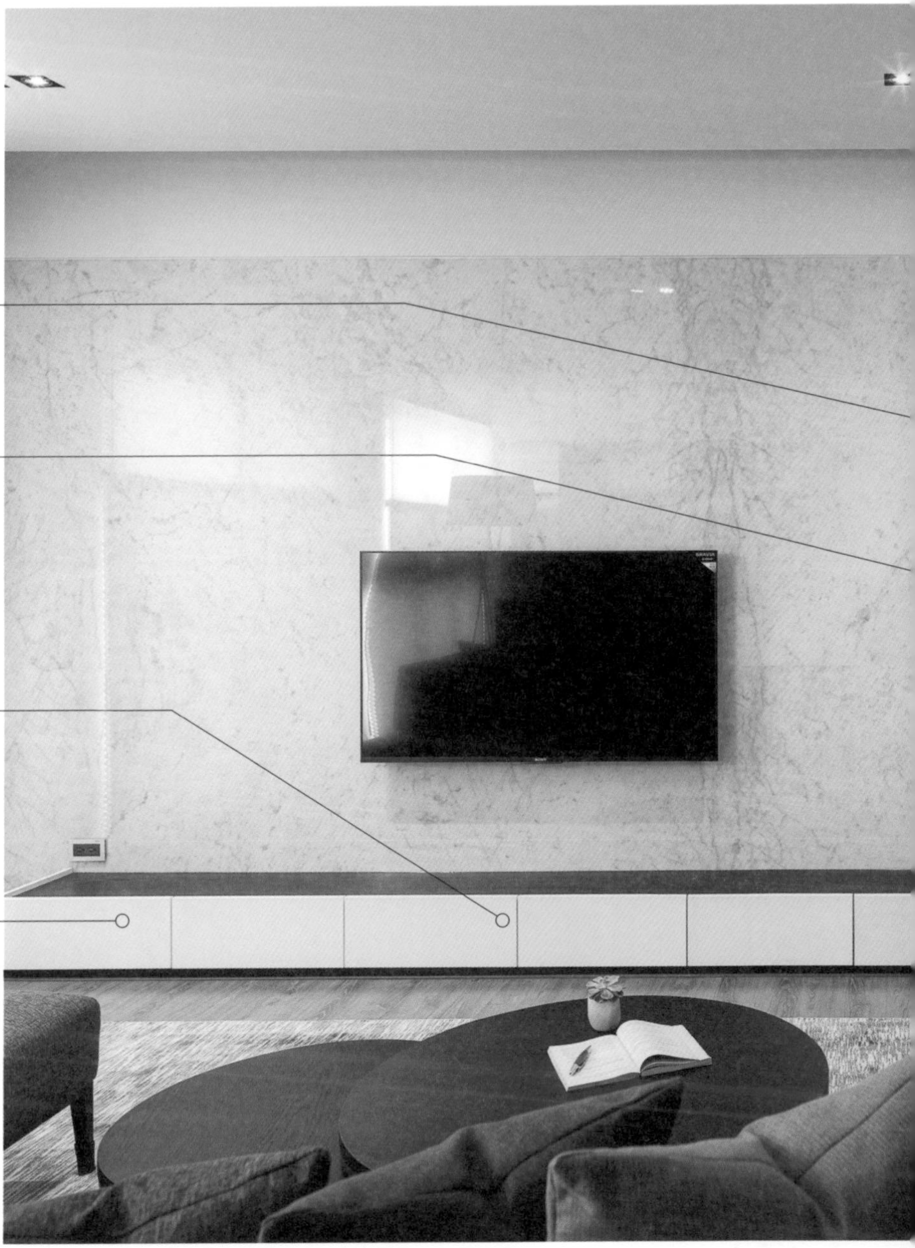

[費用] 壁面收納櫃
NT.40,000 元

[設計] 壁面收納櫃以4公分的取手縫設計，門片與門片之間則是縮減至 3mm 的間距，回應空間訴求的極簡風格。

[色彩] 白色為主要基調，適度添加黑色作為對比，讓空間有收放自如的節奏感。

[費用] 設備櫃
NT.90,000 元

圖片提供 日作空間設計

餐廚

提及居家餐廚的規劃，過往我們總習慣將它們分為餐廳和廚房二部分，但隨著現代家庭組成結構改變，開放式餐廚區、結合書房機能的複合式餐廳等，逐漸躍上居家生活的中心，賦予餐廚空間更多想像的可能和變化。如何配合使用情境滿足收納機能，帶入更多的風格和美感，並有效融入公共場域設計語彙、與空間產生互動，成為現代餐廚的規劃重點。

TYPE 1

獨立空間 規劃不當影響使用

廚房講究實用機能，因此空間大小及格局將影響廚具如何規劃。廚房空間雖被獨立區隔，但無法依空間特性將其有效規劃，容易陷入動線不順暢、使用不舒適的窘境。

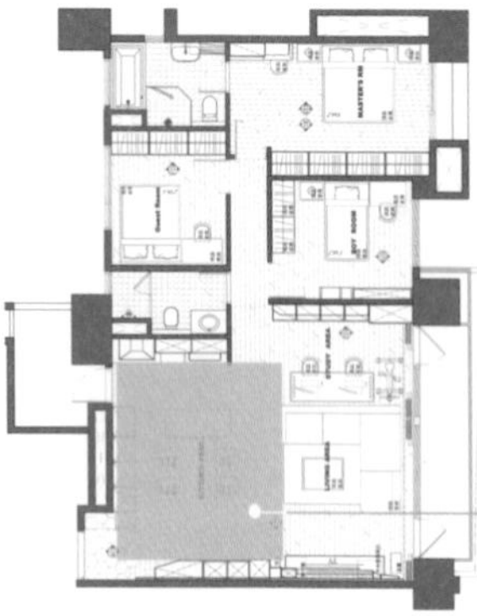

原始格局無明確餐廳和廚房，如何藉由廚具設計界定出完整區域範圍和使用動線，並與餐廳保有適當區隔。

圖片提供 思維設計 Thinking Design

SOLUTION.1

圖片提供 澄橙設計

小巧廚房不做滿，開放層板實用不壓迫

選用層板取代封閉型吊櫃，讓各式香料、料理廚具活絡廚房氛圍，展現自在生活味。

大拉籃收納乾糧雜物，讓工作檯和冰箱間的尷尬狹窄空間，也獲得充分利用。

廚房雙邊二字型規劃，後方工作檯結合小家電收納，吊櫃隱匿線條降低櫃體存在感，面板材質為結晶鋼烤。

低處的廚具、櫃體，大量採用北美胡桃木，植入木質暖度；高處牆面、櫃體則留下大面積白色，放大空間感受。

SOLUTION.2

圖片提供 達譽設計

一字型廚具節省空間，木作面板修飾風格

吊櫃配合抽油煙機高度，距離檯面約 70 公分，
度約 40 公分。內部以層板區隔，收納少用的備
或輕巧杯盤，下方鐵桿吊掛抹布或料理工具。

廚具沿牆做滿以節省空間，依料理動線思考機能
置，由左而右分別為水槽、料理檯和爐具。

面板尺寸盡量統一，維護畫面的俐落感，但配合
納項目，調整內部抽屜、拉籃或層板的配置。

系統櫃體表面透過木工造型門片修飾風格，烘托
馨明亮的鄉村風情。材質以木心板高壓成型製作
提升面板的防水性。

SOLUTION.3

圖片提供 思維設計 Thinking Design

一字型廚具節省空間，中島吧檯做過渡

以隱匿的線條處理樹櫃收納，勾勒櫃體和整個公共場域的互動關係。

中島吧檯是區隔餐廳和廚房緩衝區，提供廚房額外的工作檯面和龐大收納量。

刻意讓中島高度略高於餐桌，約 5 ～ 10 公分，設置插座，並適度遮擋廚房水槽的凌亂場景。

TYPE 2

餐廳納入公共場景，餐櫃容易破壞居家風格

客廳和餐廳多採取連續性格局，雖兩者功能不同，關係卻很密切，也促使餐具櫃在滿足餐廳收納需求之餘，還必須思考如何融入公共空間場景，甚至客串空間界定或複合機能使用，其中拿捏稍有失準，就容易破壞整體居家畫面和諧，或背離實用目的徒增空間浪費。

須同時滿足餐廳、書房收納需求，也要兼顧造型美觀。

圖片提供 達譽設計

SOLUTION.1

圖片提供 達譽設計

不同深度的展示和隱藏，收納美而靈活

櫃體總高度 250 公分、深度 60 公分、寬度 284 公分。

可抽拉式層板便於小家電使用，以及電線的清潔整理。

餐櫃量體很大，透過木紋進行跳色，方便分類整理，看起來也舒服不單調。面板材質為珍白木，木板是弱曲木。

隱匿櫃體線條和把手設計，開放區的最高點統一與冰箱齊平，維持畫面的整齊和諧。

SOLUTION.2

圖片提供 澄橙設計

櫥櫃＋書櫃，複合使用功能多

配合整體空間調性，黑檀木色面板加入線條簡單的金屬把手，讓空間風格更為一致。

開放區亦可擺放書籍打造複合機能，4 公分超厚層板，把「線」轉為「面」的呈現，提升視覺美感。

以清透玻璃進行展示規劃，嵌入燈光，打亮蒐藏品的層次感。

大開門減少門片切割，還以乾淨視覺，寬度超過 70 公分的超大尺寸，增加 3 ～ 4 條鉸鍊以穩固使用。

SOLUTION.3

圖片提供 澄橙設計

縮小櫥櫃量體，材質變化打造風格

結晶鋼烤面板、實木檯面和鐵件層架，透過三種材質的交替變化，豐富空間的立面層次和設計感。

滑軌托盤便於小家電的擺放和使用；大抽屜則可收納隔熱手套、電線等雜物。

簡易層板替代吊櫃解放空間尺度，黑與白的對比，散發活潑新意。

落地櫃和斗櫃搭配，共同解決餐廳收納需求，造型相對靈活輕巧。

增設電器櫃、中島吧檯提升多元機能

考量原有廚房空間略小，設計師利用面對餐廳的區域規劃一面電器櫃，整合炊飯、儲物、電器抽盤等多元使用，大幅提升餐廚的機能性。左側也是由系統板材構成的中島吧檯，上面吊櫃融入開放儲物櫃設計，讓屋主收藏的馬克杯成為空間鮮明的生活角落。

圖片提供 日作空間設計

[費用] NT.75,000 元

[色彩] 餐廚區的系統電器櫃以鋁、白色為主，避免空間過多的對比，維持舒適柔和的色調。

[材質] 針對系統櫃體側面收邊問題，設計師利用與廚房拉門一致水平的白色立面作為修飾。

根據生活需求量身打造收納機能

設計師希望為屋主打造一個具有藝術特質的空間，但同時必須考量到屋主屆齡中年的生活需求，因此除了發揮創意以系統櫃創造空間特色外，更根據需求在空間不同區域規劃收納；例如為了配合藥品及營養保健品取用，因此在方便倒取茶水的廚房區域設計矮櫃，將較難整理的瓶瓶罐罐集中整理。

圖片提供 CONCEPT 北歐建築．系統櫃廠商 ed HOUSE 機能櫥櫃

[設計] 櫃體位置介於玄關及廚房之間，及腰高度的平檯也支援玄關桌功能，可以放置鑰匙等小物。

[材質] 以美耐皿為材質的門片，讓鄰近廚房的系統櫃即使是白色面板也很好清理。

[設計] 延續整體空間的設計概念，利用系統櫃創造幾何造型，增添空間趣味感。

黑色帶狀格櫃形成線性設計語彙

系統傢具可說是實現功能廚房的好搭檔，除了因為有多元的五金來滿足廚房收納，多樣性的門片也讓廚房風格更易展現！此案例將餐廳的黑白主色延續至廚房，並將餐桌與吧檯做串連，而櫃體設計則以上下白色門板，中間夾有黑色帶的線性語彙，讓視覺與空間都變寬敞了。

[材質] 在銜接廚房與餐廳的中介處設有黑板牆，讓家人可以在此留言、溝通或塗鴉。

[材質] 廚房系統櫃中段牆面特地選擇黑色玻璃做面材，讓易沾惹油煙處更好清理。

[設計] 餐廳牆面的系統傢具藉由精算尺寸後留下中間區塊，再以木工訂製特殊尺寸的黑色格子櫃嵌入搭配。

圖片提供 法蘭德室內設計

整合畸零邊角 讓風格更具整體感

由於坪數不大，天花板又有大樑阻礙，構成空間許多不平整、不好利用的轉折邊。為了修飾空間並創造層次，僅在廚房製作天花板以安排管線及照明，右側則以置頂收納櫃隱藏大樑，利用量身打造系統櫃整合樑柱產生的畸零邊角，使空間造型更為一致。

圖片提供 乙軸空間設計

[設計] 置頂的櫃體能拉高天花高度，加上門片的無把手設計，使小空間更為平整俐落。

[尺寸] 運用系統櫃尺寸上的彈性優勢，在櫃體內部上下使用不同深度的桶身來製作，將天花板大樑妥貼隱藏在櫃體中。

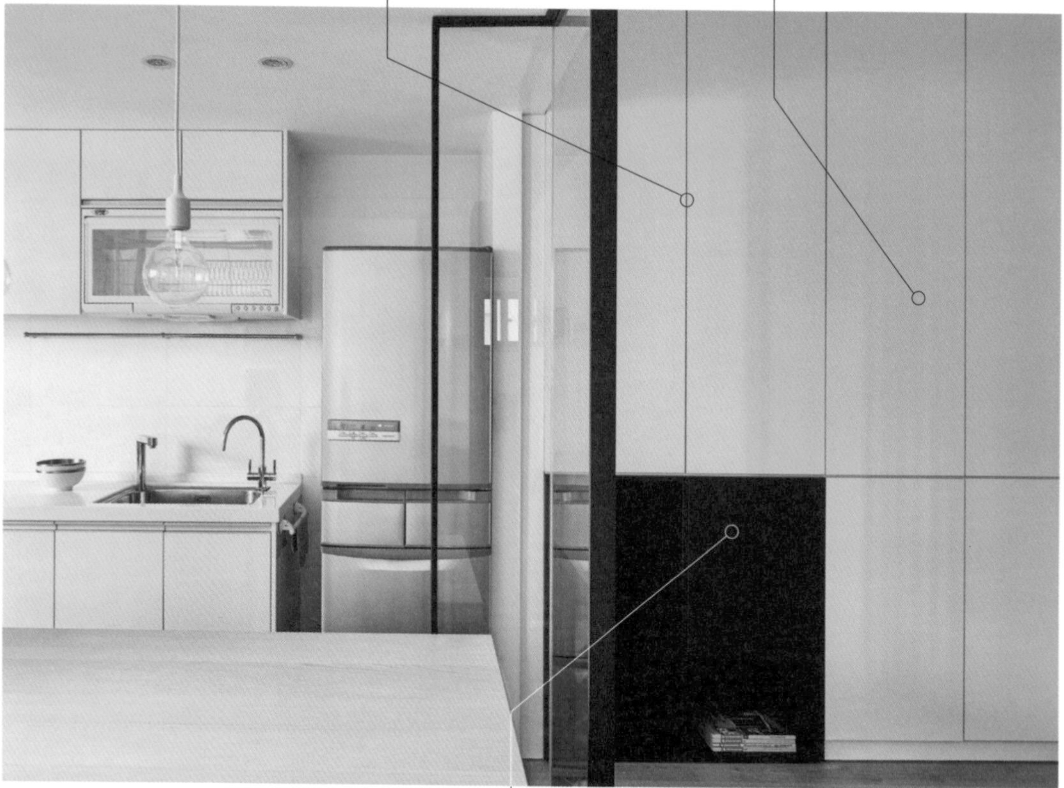

[設計] 因應屋主不同收納需求，巧妙以系統櫃組合出實用性十足的收納功能，左下方黑色展示櫃內嵌防潮箱，黑白配色也呼應整體風格。

木作框架置入電器櫃、矮櫃，提升系統傢具質感

重新改造的舊屋廚房，捨棄隔間與餐廳整合串連，全室以純淨白色北歐風格為基調，廚房則是選用灰色結晶鋼烤面板，呈現溫暖柔和的氛圍。在神龕、樹櫃與電器櫃等需求考量下，設計師巧妙利用木作神龕側邊置入系統電器櫃，與廚具產生同一場域的設計概念，空間視覺更為美觀。

圖片提供 緯傑設計

[尺寸] 電器櫃高度約在 40 ～ 45 公分左右，為事先了解屋主的設備尺寸作量身規劃。

[費用] 櫃體總價約 NT.111,000 元

[設計] 系統櫃板材較容易出現側面封板問題，此處白色櫃體部分為木工施作，一併完成電器櫃側面，如此一來就能讓立面更完整好看。

[設計] 中島廚具配置了一字型矮櫃，框架先以木作完成並貼覆人造石，再將系統矮櫃置入，增加收納且兼具美觀。

木作噴漆讓單色系統櫃更精采

廚房雖早在建商客變期便與廚具公司討論規劃好，但交屋後還是可以在既有的系統樹櫃上做變化。設計師將原本全灰色櫃門上段以木噴漆改為白色，可與人造石中島吧檯呼應，也避免大面積的高身櫃在視覺上造成壓迫感。至於中島下櫃則選擇木門來與天花板及室內裝潢作呼應。

[設計] 局部用木工設計出可透光層板書櫃，可適度地遮掩廚房爐灶，避開風水忌諱。

[色彩] 電器牆周邊的系統櫥櫃以灰色板材為主，搭配上段白色木作噴漆，變化出設計感。

[材質] 中島以人造石檯面搭配木門片作抽屜櫃，以木紋理與天花板上下呼應。

圖片提供 PartiDesign Studio 曾建豪建築師事務所

中島餐桌高低配，滿足料理與用餐

中島餐桌的設計重點在於屋主一方面希望能加設中島檯面，方便料理時有較多工作平台，但在用餐時則仍要維持一般桌子高度。因此設計師將兩個高度的平台做結合，至於中島下方空間利用，主要是將吧檯高區作為簡單收納，而餐桌低區因考量人體工學，仍保留放腳的空間。

圖片提供 PartiDesign Studio 曾建豪建築師事務所

［材質］廚房選用黑色烤漆玻璃牆，除減少溝縫、較好清理，同時黑色更能突顯空間的層次感。

［材質］系統廚具門片考量防汙效能，選擇結晶鋼烤門片。

［尺寸］為求方便使用，吧檯與料理檯面同高，餐桌則配合一般桌椅高度來設計。

訂製特殊規格電器櫃，好用也好收

原始格局零碎的老公寓住宅，在重新調整配置後，設計師沿著窗邊規劃出開放式廚房與書房為了釋放小坪數空間感以及保留採光面，常見的落地式電器櫃巧妙移至窗戶下方，並依據屋主的特殊設備——多功能料理機、鑄鐵鍋等訂製規格，使用更有效率也更順手。

圖片提供 存果空間設計

[色彩] 白色系統櫃板材作為規劃，不僅有放大視覺效果，也能讓空間更為清爽明亮。

[材質] 選用表面經壓線刻溝處理的歐式成型板，帶入些許北歐鄉村風的味道。

[設計] 吊櫃局部規劃為開放式設計，讓女主人收藏的餐瓷、杯子有了展示的舞台。

[費用] 櫃體總價約 NT.120,000 元（不含三機）

櫥櫃線條齊平，保持空間的俐落舒適

位於玄關旁的這座廚房是家中的輕食區，機能相形簡單，也無需考慮油煙問題。規劃上，將重點擺在龐大的收納內容，善用現代簡潔的語彙安排立面表情，盡量減少不必要的線條切割，並順應屋主購物習性，把中島和櫥櫃的收納做到最滿，以完全收起全家人一整週的乾糧食材，不讓細碎的杯盤雜物，叨擾了居家的整潔與雅緻。

［尺寸］整座櫃體線條整齊畫一，各門片寬度都有60公分以上，尺寸偏大，故加長門片長度替代把手隱於無形，也利於開闔使用。

［尺寸］牆面整合冰箱、烘碗機、微波爐等電器收納，櫃體長度共有300公分、高度220公分、深度60公分。

［材質］素雅的白木紋與周圍木素材達到一定程度的延伸，色彩又有所區隔和跳脫。

［設計］在中島與地面銜接處，加入一道銀色踢腳板增加視覺立體感，並可掩飾插座的分割線；櫃體手法亦同。

圖片提供 原晨設計

局部開放設計，櫥櫃更有呼吸感

牆面櫃體愈多收納效率自然更高，但是也容易顯得呆板、封閉。在餐廳的櫥櫃除了以上下門櫃設計來收納物品，中間則以層板做留白設計，搭配人造石材桌板及電器插座配置，讓櫥櫃同時兼具電器櫃與餐櫃功能。而上方矮夾層剛好可收納馬克杯或小飾品，又展現裝飾效果。

圖片提供 賀澤室內裝修設計工程有限公司

[設計] 左右側板採用木工製作，避免封邊條的塑膠感破壞櫃體質感。

[設計] 右側安排高櫃設計，讓櫃體產生不對稱美感，且畫面更生動而不顯匠氣。

[色彩] 大地色系板材與木紋側板的配色增加用餐空間的溫潤質感，而白色線條則使櫃體更輕盈。

LED層板燈、懸空設計，提升精緻與實用性

將原建商配置的L型廚房重新做格局上的調整，拆解為一字型廚具搭配餐櫃的設計，巧妙之處在於冰箱旁隱藏了一道可通往玄關大門的滑門，處理廚餘、垃圾動線十分方便，也可以避免湯湯水水滴落地板上。右側餐櫃則是搭配LED層板燈，提供照明與展示用途，也讓系統餐櫃多了精緻質感。

圖片提供 雲墨空間設計

［設計］原本建商的排油煙管洗洞位置不佳，利用增設的系統板材作為修飾，上半部可遮蔽排油煙管，下半部則是收納調味料，鄰近爐具使用更順手。

［設計］上櫃部分使用LED層板照明設計，除了可化解背光問題，層板照明上、下皆為透明，打開櫃門拿取東西也更方便。

［設計］不論是廚具或是右側餐櫃，皆採懸空而非落地設計，更有進口廚具的效果。

系統廚具整合電器櫃、餐桌機能

一個人居住的18坪小住宅，開放式的公共廳區利用中島餐桌作為客、餐廳的界定，L型廚具規劃加上利用樑下延伸的電器櫃、酒架，麻雀雖小五臟俱全。餐桌一側也是強大的收納樹櫃，在在滿足屋主對於料理與用餐的需求。

[費用] 櫃體總價約 NT.85,000 元（不含三機）。

[材質] 電器櫃的底層運用滑軌五金，使用電鍋時可完全拉出，輕鬆解決蒸氣問題。

[色彩] 以黑色人造石搭配自然染灰橡木，強烈的用色打造個性化廚房。

圖片提供 存果空間設計

以原廚具為起點延伸出全套功能

一方面要考量預算，同時也為了搭配原建商給的廚具顏色。因此，餐廳電器櫃與高身櫃都選擇以白色系統櫃打造，內部配備廚房五金不僅容易分類置物，取放也更順手方便。至於餐桌旁的隔間櫃則是結合鐵架的工廠木作盒櫃，雖是木作產品，但是與系統櫃一樣是工廠製作、現場組裝。

圖片提供 PartiDesign Studio 曾建豪建築師事務所

［設計］連結餐桌的桌櫃是個簡易的料理平台，下方結合電器抽盤供使用。

［尺寸］料理平台上方故意增高一點高度，讓下方空間可放小電器，如小烤箱或麵包機。

［設計］電器櫃平常不用時可用上掀門片遮擋起來，也可利用抽盤將會有蒸氣的電鍋抽出使用。

臥榻串連櫃牆的超強收納

從窗戶臥榻延伸至牆面的櫃體，是這個家最重要的收納空間，考量與餐廳為同一空間，因此選用溫潤的梧桐木貼皮，利用輕淺木色降低量體沉重感，襯托出此區溫馨、放鬆的用餐氛圍；以開放及封閉式收納設計做調配，不僅增加使用上的靈活度，也讓櫃牆看起來不致於太過呆板。

圖片提供 耀昀創意設計

［設計］搭配層板收納，降低整面櫃牆帶來的壓迫感。

［設計］臥榻與櫃體統一材質，維持視覺一致性，也呼應空間調性。

［設計］臥榻下方設計抽屜式收納，加強收納空間，滿足屋主需求。

亮面板材讓廚房輕盈融入空間

從英國回來定居的屋主希望改造小時候居住的老房子，成為能延續國外自由開放感的生活空間。首先將昏暗封閉廚房打開，讓與客廳相融的開放式廚房成為公共空間中創造休閒生活的重要地方，由系統傢具建構的廚房無論在板材質感或者使用規格，完全切合屋主的生活及質感需求。

圖片提供 大晴設計

［設計］系統傢具打造的電器櫃容易結合各種五金滑軌，讓家電設備操作更方便。

［材質］選擇白色鋼琴烤漆系統板材，讓空間情境透過自然光和板材微微反射，廚房藉此能呼應整體空間調性。

［設計］鄰近入口的廚房以系統傢具依照空間需求，設計L型料理檯面，創造下廚的流暢動線，同時也界定出玄關區域。

櫃體融入多機能，複合使用更便利

本案餐廳坐落於居家採光最好位置，順應屋主生活習慣，結合書房打造靈活複合機能。佔滿整面牆的大櫃子，是電器櫃也是書櫃和展示櫃，藉由不同比例大小、收納方式（抽屜、展示、隱藏等）一次做足各種收納。當明媚日光流淌入室，清淺的木色，對應主色調的沉穩藍色，烘托恬靜氛圍，並透著些許活潑色彩。

圖片提供 達譽設計

［設計］家電櫃加入軌道規劃可抽拉式層架，便於電器使用和電線清潔整理。

［設計］櫃體深度略退，增設一道滑門，藍色玻璃板呼應空間的主色調，也兼作備忘板或塗鴉牆。

［材質］整座櫃體以淺色原切相思木系統板製作，減輕櫃體的存在感。

［設計］展示櫃不做背板，背牆鋪陳淡雅藍色調，讓「櫃」和「牆」形成「立」和「面」的對比，彰顯視覺立體性，並襯托擺飾品。

書房

書房通常不僅僅是陳列書籍或是閱讀的功能，同時也兼具陳列展示、彈性變身客房或是休憩區、遊戲室等豐富多樣的功能，因此在機能規劃上，書籍收納、櫃體形式、使用對象、或是與其它功能結合與否，都是書房設計的關鍵，同時也涉及要採用開放或獨立的格局作法。

TYPE 1

獨立書房容易因塞滿櫃體造成壓迫

獨立書房設計，通常會出現兩種情況，一是新成屋不想大幅更動格局，維持現有隔間搭配書櫃與傢具安排，另一種則是需在家工作或陪伴孩子做功課，此時需要不受打擾的獨立空間，也會採取此模式規劃。兩者都較為著重櫃體收納量及形式；書籍替換率高、懂得整理，可提高開放層板比例，若有私密文件、不擅整理，則建議採門片式櫃體設計。

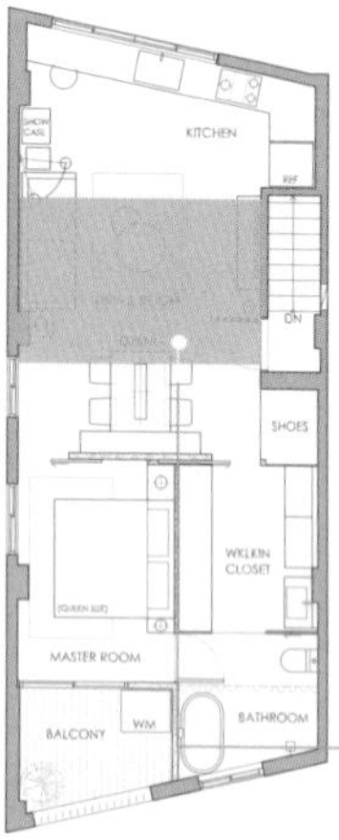

獨立書房一般多為 2 ～ 3 坪的空間，兩側若塞滿櫃體會顯得十分壓迫。

圖片提供 德力設計

SOLUTION.1

圖片提供 珞石設計

抬高櫃體搭配白色板材，爭取無壓視覺感

書櫃寬 340 公分、高 273 公分、深度 35 公分。

沿著牆面規劃整面書櫃，滿足書房收納需求。

透過不同的跨距與層板高度的差異分配，化解系統櫃單調無趣的刻板印象。

選用白色板材搭配灰色底牆，加上櫃體略微抬高的設計，讓櫃牆既輕盈又有層次。

SOLUTION.2

圖片提供 德力設計

溫潤木質基調，把家變成圖書館

雖然是獨立書房，但書櫃多以開放層架為設計，搭配懸浮式手法，化解空間的壓迫感。

局部門片式櫃體提供收納私密文件以及較為凌亂的物品，省去繁複的整理。

木紋板材為主的配置，搭配同質性的書桌椅傢具、弧形窗扇的空間條件，營造人文圖書館的氣氛。

SOLUTION.3

圖片提供 德力設計

運用玻璃隔間、拉門，創造延伸與穿透感

書櫃為利用電視牆隔間所創造出來，爭取空間坪效。

一側搭配局部清玻璃隔間、一側是膠合玻璃拉門，避免空間過於封閉。

考量多為辦公用途，書櫃以門片式設計搭配上、下分格規劃，便於分類收納，右側是落地對開門片，作為被品換季收納使用。

TYPE 2

呆板櫃體形式 讓開放書房難以融合廳區

新一代格局配置已不再侷限每個場域都必須獨立，特別是書房空間，多採取開放型態與公共廳區做整合，甚至結合餐桌、遊戲室、客房等機能，因此，這種開放書房的實用與美感設計反而更重要，應當要能隨時保持整齊、或是具有彈性可收納的傢具，以及將陳列、展示收藏品的概念納入，賦予多元風貌，讓開放式書房也能與公共廳區完美融合。

原格局的書房為封閉實牆，造成空間的壓迫擁擠，也無法獲得良好的採光與空氣流通。

圖片提供 實適空間設計

SOLUTION.1

圖片提供 裏心設計

灰色框架增加系統書櫃質感與變化性

開放式餐廚兼具閱讀書房作用，讓空間有所連結與互動。

書櫃跨距較長，使用兩層厚度的板材、加上立板強化整體結構，特意未均分的立板增加櫃體活潑。

灰色框架部分搭配木作，除了創造變化，框架亦是磁鐵板牆及電視設備檯面的延伸。

SOLUTION.2

圖片提供 裏心設計

書櫃兼具 隔間、電器櫃，超複合運用機能滿分

特意選用黑色板材做主視覺，局部搭配原木色規劃櫃體層架，呼應以沉穩灰色調為主軸的空間氛圍。

書櫃轉折至後方的電器櫃。

開放式櫃體有降低壓迫意義，作為空間延伸的媒介。

書櫃寬 180 公分、高 260 公分、深度 45 公分。

SOLUTION.3

圖片提供 德力設計

訂製可移動書桌，書房變身打禪、客房機能

除了系統書櫃之外，更搭配木工訂製書桌，可將書桌轉向整齊收進矮櫃的檯面，釋放出來的空間就能彈性作為打禪或是臨時客房使用。

開放式書房拆除實牆以活動折門與客廳、走道區隔，客廳縱深獲得延伸放大效果，也改善了走道的光線。

木作主導風格，系統打造輕盈收納

客廳後方的開放式書房，櫃體必須符合收納使用，並兼顧視覺美感。設計師以清爽的現代語彙安排空間和收納的相互關係，結合系統和木作各自優勢，左側造型滑門採取木作工法主導區域風格意象，右側展示層板則局部加入抽屜、門櫃，更符合實際需求，也不影響畫面輕盈感。

圖片提供 思維設計 Thinking Design

［尺寸］懸空系統櫃的寬度為 220 公分，高度和深度分別是 55 公分、35 公分，層板深度略縮 5 公分，只有 30 公分。

［材質］利用鐵件加強層板的承重力，並讓櫃體更有層次感。

［設計］層板的尾端、靠近走廊位置切出斜角修飾，削減銳利感。

［色彩］輕淺木色營造平和舒適感，白色懸空斗櫃搭配開放層板實用而不厚重。

懸浮櫃體設計 減少視覺壓迫感

為了營造整體空間輕盈俐落感，書房以清玻璃取代實牆作為與客廳間的隔間，使視覺能直接從客廳穿透到裡面。由於視覺貫穿空間，因此書房也採取輕量化的設計，牆面懸吊式開放層架搭配下方懸浮櫃體，減少系統櫃產生的重量感同時搭配屋主喜愛的亮藍色背牆，色彩透過玻璃為空間落下吸睛焦點。並利用系統櫃設計臥榻，呼應窗邊景致，增加居家休閒感受。

圖片提供 CONCEPT 北歐建築、系統櫃廠商 ed HOUSE 機能櫥櫃

[尺寸] 懸吊式開放層架從地面算起 90 公分高，因此從客廳看到書房的可視範圍內，感受到系統櫃層架的輕盈量感。

[設計] 書桌與臥榻利用系統板材設計連續的整體造型，並以橫向木紋面板延展空間同時提升溫暖氛圍。

[設計] 臥榻下方及牆面增加隱閉式收納空間，不僅施作容易也讓通透度高的書房方便維持整潔。

板材與木工共構出複合式書牆

如何在大容量的收納牆與空間美感中取得平衡呢？這個空間或許可以提供一點靈感。設計師將書房大片牆面的二側以深色系統板材規劃為主要收納櫥櫃區，而中間視覺聚焦區則請木工現場打造木層板櫃，並將立板以深淺雙色做跳色，讓牆面更有設計美感。

圖片提供 頑漢空間設計

［設計］選擇在大樑下設計牆櫃，可順利消化大樑的壓迫感。

［設計］木工層板櫃用深淺木皮做跳色外，同時在寬度的間隔上也以不規則方式做安排，活化視覺感。

［色彩］選用大量的深色門片時應考量空間採光量是否足夠，以避免空間更形黯淡。

［色彩］雙邊系統門櫃採用深色板材做門片，提供空間與牆面更安定的感受。

木作與系統櫃搭配滿足多重收納需求

女主人與小孩共用同一間書房，為了配合女主人製作印章的興趣及收整小朋友書本需求，櫃子以木作搭配系統櫃製作，滿足媽媽和小朋友各自的收納。利用系統櫃容易組裝的特性設計大型書櫃，2種不同收納設計方便靈活使用。沉穩的黑色板材則與現代休閒的整體風格相互搭配。

圖片提供 權釋設計．系統櫃廠商 ed HOUSE 機能櫥櫃

[設計] 右側系統櫃與左側木作櫃相互搭配，可以發揮各自特質，創造較靈活的收納空間。

[設計] 開放式層板以不同間距設計，讓生硬系統櫃體不會過於呆板。

[設計] 書櫃結合開放式及抽屜式收納，開放部分可調層板間距，收整尺寸不一的童書，抽屜部分則根據女主人製作印章工具的尺寸和流程量身訂製收納層格。

以系統櫃修飾樑位並界定空間

餐廳、書房雙用的複合空間採用開放格局規劃，與客廳電視牆串連的餐廳主牆在上方以白色板材做收納櫃，修飾了大樑的突兀感，至於視覺感受則利用底牆漆上竹膠來增加牆面質感與層次感；另外，與桌面同高的矮櫃採黑色板材設計，透過黑白對比的單純視覺來呈現寧靜而典雅的現代設計風格。

[材質] 藉由特殊的竹膠來增加牆面質感，避免白色櫃門的單調感，成功增加整體設計厚度。

[色彩] 單純的黑白色調中點綴不同物件，因不同質感而有光感反射差異，讓和諧的畫面更添生命力。

[設計] 客、餐廳之間巧妙地利用高櫃的設計來弱化樑柱感。

[設計] 由於高櫃超過240公分，櫃門必須另外訂製，避免板材接縫破壞質感。

圖片提供 頑渼空間設計

小坪數機能書房，內斂詮釋大收納

書房設計一派簡單，深度高達60公分的大櫃子，可完全收納大量雜物。考慮空間的坪數偏小，木紋配色首重清淺明亮，線條的切割同樣簡單，技巧性整合線路隱藏在書桌下方，達到視覺整潔、放大效果。最後，將公共區域的展示概念延伸到書桌旁的畸零空間，規劃簡易層板，讓屋主心愛的公仔模型有了亮相舞台。

圖片提供 思維設計 Thinking Design

［色彩］利用白色木紋板作為空間主色系，加入深色和黑色木紋做跳色，勾勒俐落現代感。

［尺寸］在壁面和大櫥櫃之間的畸零區，畫出三道厚度 4 公分、深度 30 公分的層板做展示設計；略後方的檯面則隱藏有抽屜設計。

［設計］L型書桌延伸切入左側大收納櫃，連結成空間的視線焦點。桌面則配合業主桌機擺放需求，將深度做到60公分；檯面下設抽屜加強收納。

書牆混材應用更現品味

想省預算，同時希望更多設計感，不如學學這間書房。在牆面上方採用白色系統門櫃結合鐵件做層板櫃設計，至於開放的中段與下方抽屜櫃則選用系統板材請木工訂製，搭配同款板材做櫃體側板設計，讓書牆擁有完整設計感。另外，木質調的書桌椅也呼應設計品味。

圖片提供　賀澤室內裝修設計工程有限公司

[設計] 左側側板增加系統櫥櫃的完整感，右側牆面巧妙地以鏡牆來延伸視覺，讓空間更顯寬敞。

[材質] 背牆選用灰色調板材做底色，與上端白色門櫃一起映襯鐵件的質感。

[設計] 結構大樑的巨大量體感因與白色門櫃的銜接設計而產生弱化的效果，減少壓迫感。

[色彩] 濃郁色調的木紋板搭配白色板材呈現對比的明快美感。

線條分割豐富書牆風景

30坪的住宅空間，胡桃木、橡木為主要材質運用，公共廳區的大面書牆成為空間的視覺焦點，也帶出屬於屋主的鮮明特色。分屬兩端的書櫃導引出通往臥房的動線，右側書牆亦是臥房隔間，以豐富的分割線條增加立面豐富性，並回歸一致的木素材，營造出自然人文氣息。

[費用] NT.50,000元

[尺寸] 深度控制在30公分的書櫃，每一個分割高度皆是統計自屋主收藏書籍高度，計算出22～25公分、29公分，依數量再去作調配。

[設計] 開放式書櫃中段特別加入抽屜機能，除了功能性考量之外，也讓櫃體的線條比例更具美感。

[費用] NT.40,000元

圖片提供 日作空間設計

比例和尺寸穩當拿捏，收納更有秩序

延伸玄關鞋櫃和客廳電視牆的木頭元素，採用北美原橡木製作一整面牆的大書櫃，帶出居家應有的自然與舒適。規劃上，首先了解屋主的收納品項，配合需求量身訂作，切割出不同形式、大小比例的收納單元，大幅削減櫃子的笨重感，創造活潑立面層次。

圖片提供 原晨設計

[設計] 櫃體門片採入筒手法，保留框架切割線條，增加視覺的豐富性。

[尺寸] 櫃體深度設定於 45 公分，並注意將層板跨距限制在 90 公分以下，以確保其承重性。

[設計] 限制展示層板高度維持主結構配比美感，隱藏的層板則可自由調整，讓櫃體設計更符合屋主使用。

[設計] 櫃體中央特意規劃一個大方格擺放男主人辦公用的事務機，門片不做把手，改以「拍拍手」五金做上掀設計，門片可完全收入櫃內，方便使用、不阻礙行走動線。

白色玻璃門片轉化櫃體沉悶感

由於屋主事先已經挑定客廳的實木傢具，為配合傢具風格，設計師選擇先以木紋板材做櫥櫃桶身，搭配白色玻璃框的門片來營造出清新自然感。其中，局部安排開放、留白並變化櫥櫃尺寸，讓櫥櫃畫面更增添靈動感。此外，由於已事先將櫃體抬高預留書桌高度，桌面與櫃體便可輕鬆銜接運用。

圖片提供 賀澤室內裝修設計工程有限公司

[色彩] 以木質為主色調，搭配白色櫃門與淺綠色牆面，混搭出清新自然風格。

[材質] 玻璃白框門片可選用現成的系統門片，穿透的視線讓櫃體顯得輕盈。

[尺寸] 系統櫥櫃與其他材質或者傢具做結合設計時，特別要掌握的關鍵在於尺寸的精準拿捏，如此即能打造如木工般的工藝水準。

強調實用的超大容量簡潔書櫃

面對擁有眾多藏書的屋主，設計師於樓中樓的二樓規劃獨立不受打擾的書房，另一側櫃體其實更隱藏下掀式床架，讓書房還能兼具客房的使用，延著壁面設置的L型大面書櫃，採取開闔式門片收納為主，中間特意鏤空設計，除了發展出裝飾效果，也令簡潔俐落的書櫃增添些許變化與活潑。

圖片提供 存果空間設計

［色彩］大面積書櫃量體選搭白色的榆木紋，一來可淡化櫃體的沉重與壓迫，二來可與左側木紋書桌、櫃子及淺藍牆色拉出層次感。

［設計］選擇利用門片的延伸建構出隱藏式把手，打造乾淨簡約的立面。

［費用］櫃體總價約NT.60,000元

L型櫃體滿足多樣收納需求

在開放式書房裡規劃大型收納櫃，由於隔牆拆除，因此收納面可延伸至側牆，形成一個容量充足的L型收納櫃。考量需兼具琴房使用，巧妙利用櫃體深度將鋼琴收起來，收整線條也不需再另外安排擺放空間；制式化的系統櫃容易給人呆板印象，加入鏤空、層板等設計，活潑櫃體表情也提供屋主不同收納方式。

圖片提供 耀昀創意設計

[設計] 門片斜切45度隱藏式把手設計，讓櫃面造型更俐落。

[設計] 層板刻意以錯落不規則設計化解單調，營造視覺變化。

[設計] 鏤空設計強調輕盈感，平台也能擺放展示用品。

多功能系統櫃 上下分治更好用

備有休憩臥鋪的書房，如何在狹小空間中滿足睡眠、閱讀工作與收納等多功能，其中櫥櫃設計的好壞成為關鍵。設計師運用深淺雙色系統板材，將櫃體上半部設定為開放書櫃，而下面則是可關上門的雜項收納櫃。開放櫃不僅取放書物方便，同時因書桌前為玻璃隔間，所以刻意以尺寸不一的層板與櫃寬來配置書櫃，避免過於呆板，順勢成為端景牆。

圖片提供 法蘭德室內設計

［設計］利用門後空間安排一座系統櫃，恰可擋住床頭視覺，讓臥榻更有安全感。

［色彩］選用白色門櫃則讓櫃體輕量化，避免小空間的櫥櫃有過於沉重的感覺。

［設計］上端深色書櫃採用開放設計，可稍稍減緩壓迫感。

壁櫃巧藏床，書房搖身變客房

面對坪數有限的居家空間，希望將平常較少使用的客房與書房合併規劃；將書櫃和衣櫃門片做相同樣式的對稱，中央設置一座掀床，平常可隱藏收入壁櫃，當客人來訪時，輕鬆下拉即成舒適臥床，打造一夜好眠的自在空間。

圖片提供 澄橙設計

［色彩］考慮櫃體面積大，選用素雅的白木紋門片做規劃，讓空間在視覺上具有放大效果。

［設計］房中尚有其他書櫃可供使用，故將壁面的這座書櫃裝上門片，與衣櫃做整合設計，讓畫面更加一致。

［設計］看中掀床的靈活性，配合衣櫃厚度加入簡易床頭櫃，增加空間的收納量，也方便訪客夜宿時，擺放睡前讀物或隨身配件等。

懸吊書櫃化身廳區視覺焦點

以白色簡約為主題的住宅空間，利用客廳後方作規劃的開放式書房，將書櫃作為牆面端景與視覺焦點，因此設計師在櫃體設計格外琢磨，即便是系統櫃，仍藉由如懸吊式施作方式，搭配鐵件材質的使用，一方面更耐用，也跳脫系統櫃既定印象作法，再者是不同層板高度、間距、長度的審慎拿捏，則創造出獨特的書櫃風景。

圖片提供 珞石室內裝修有限公司

[設計] 以鐵件為主要結構的書櫃，提升櫃體的承重與穩固性。

[設計] 書櫃採懸吊式設計，加上刻意非等高的長度比例，以及僅局部搭配門片，在方正規矩中力求多變，成功扭轉系統櫃呆板印象。

搭配無印良品收納盒增加靈活性

在預算考量又有大量收納需求的狀況下，設計師以系統傢具替屋主打造一面白色書牆。為了可以更加靈活運用，除了固定層板收納外，刻意將書櫃深度與無印良品收納盒深度統一，讓屋主可輕易增添收納盒數量，而部分層板則因加入收納盒豐富了書櫃樣貌，更滿足不同收納需求。

圖片提供 實適空間設計

［設計］矮櫃層板以比例做變化，化解制式尺寸的呆板。

［色彩］白色櫃體搭配無印良品橡木色收納櫃，利用顏色反差豐富視覺。

多彩收納櫃創意排列，增添趣味與變化性

位於客廳後方的書房，由兩側落地強化透明灰玻璃界定出空間，延伸了客廳和中央走廊的視線並引進更多自然光線。由於書房為透明隔間，櫃子的設計格外重要，設計師特別選用平價IKEA品牌針對年輕族群所設計的PS系列收納櫃作為書櫃，不僅價格實惠，且透過不規格方向排列設計、顏色變化，讓書櫃富趣味與變化性，相較制式系統櫃來得更有創意。

圖片提供 雲墨空間設計

［板材］此款收納櫃的優點是，擁有三種不同顏色可供選擇搭配，表面為竹子材質，既環保又耐用。

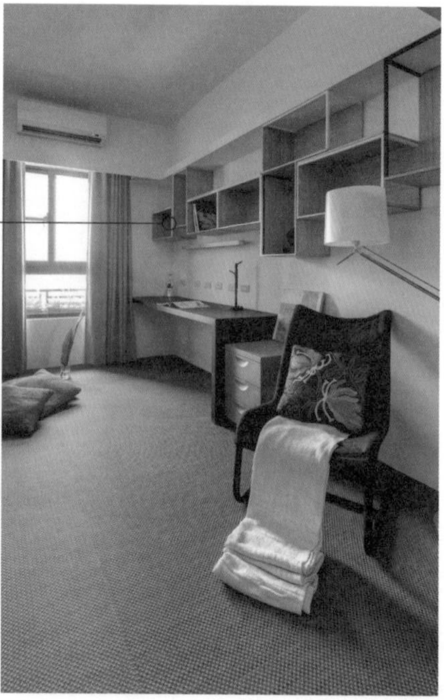

[費用] 收納櫃單個 NT.900 元
(不含施工費用)

[設計] 部分收納櫃有加裝側板，側板須使用矽利康與收納櫃固定，再由木工以六角螺絲分別於櫃子四邊鎖在牆面上，增加穩固性。

臥房

臥室是人們休息的地方，需要能放鬆並感到安全的環境，傢具除了床以外，梳妝檯和衣櫥是最常見的配置，其中又以有一定份量的衣櫥的規劃最為重要。櫃體大小與造型，不只影響到臥房空間風格呈現與其它傢具安排，同時收納規劃的不周全也會對使用者產生一定困擾，甚至讓空間變得凌亂，因此應有完整收納規劃，才能為居在其間的主人提供一個清淨舒坦的休憩空間。

TYPE 1

隔出獨立更衣室，收納仍然不足

一般來說，大多是在坪數允許下，才能規劃出獨立更衣室。因為更衣室的採光需求比起居家其他空間相對較低，故多設置在無窗角落或剩餘空間的應用，不只容易忽略使用動線，也經常缺乏規劃造成空間浪費，更不利於收納整理。

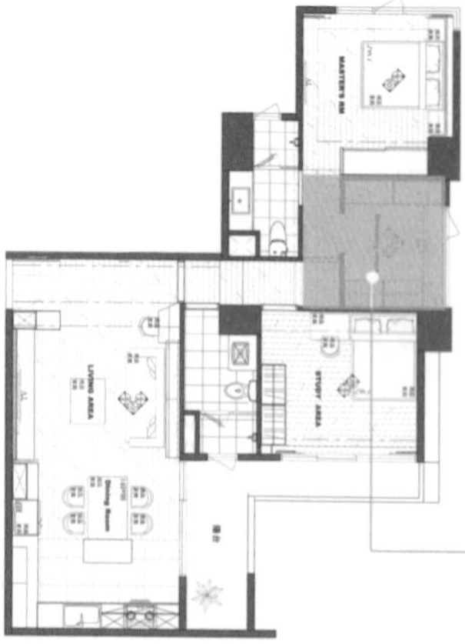

更衣室坪數不大，收納項目卻多而繁雜。

圖片提供 思維設計 Thinking Design

SOLUTION.1

圖片提供 思維設計 Thinking Design

省下門片舒緩空間，分區收納方便使用

適當省下衣櫃門片，改用開放櫃和抽屜降低壓迫感。

依照屋主身高、收納習慣、使用頻率等，採取分邊、分段的收納手法，客製化衣櫃的內容配置，更貼近使用。

寬敞吊掛區的底板採用透明玻璃製作，下方格狀抽屜整理圍巾配件的收納，節省空間。

SOLUTION.2

圖片提供 思維設計 Thinking Design

俐落線條＋輕淺用色，化解櫃牆厚重感

配合窗盒、樑柱位置統一櫃體高度，門片講究平整俐落，藉此降低線條切割、不凌亂。

透明玻璃製成的大檯面搭配格狀抽屜使用，方便分類整理，讓收納一目了然。

衣櫃沿壁做滿最大量化，並加上門片增加防塵性，但仍留下明亮採光，配合白色為基調，試圖減輕櫃牆的壓迫感。

梳妝台預留線槽、電線插孔等，隨著居家成員改變，未來也能調整成書房。

SOLUTION.3

圖片提供 思維設計 Thinking Design

櫥櫃做隔間，收納化整為零

利用木工框出範圍搭配系統櫃內嵌做設計，解決系統板尺寸限制，維護整齊視覺，也可作為臥房電視牆。

櫃體高度置頂，把不同收納手法分於左右配置，左側衣櫃深度 58 公分，右側層板深度減為 40 公分，避免過深反而難以使用。

走道寬度設在 88 公分；多加一道門，強化空間獨立感，區域更完整。

大量活動式層板可依需求調整尺寸高低，亦能配合收納盒進行整理。

TYPE 2

衣櫃機能單一、量體大，易有壓迫又無趣

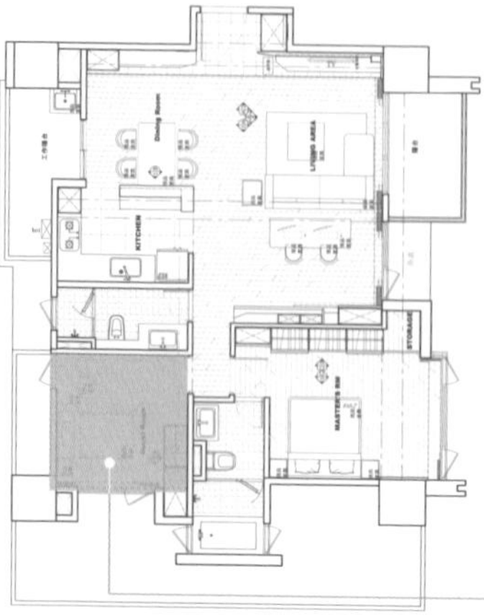

衣櫃是臥房規劃基本要件，為避免空間浪費多會靠牆擺放，或配合其餘傢具、機能共同設計；若是一整面的櫃牆形式，則常見於床尾或利用樑下空間做安排，由於櫃體有一定份量，若造型、顏色不加以修飾，易有壓迫或突兀等問題。

臥房收納需求大，想把整面牆都做櫃體設計，但容易顯得呆板厚重。

圖片提供 澄橙設計

SOLUTION.1

圖片提供 思維設計 Thinking Design

整齊劃一，大面收納清爽實用

做假樑，將臥房的衣櫃、窗盒、冷氣、樑柱等，整理成相同高度，確保畫面的整潔與清爽。

以嵌入式手把維持視覺平整，也避免小孩子不慎撞傷。

深木色櫃門點出視覺重點，其餘配色強調清淺色系，化解壓迫、自在清爽。

SOLUTION.2

圖片提供 思維設計 Thinking Design

衣櫃兼作展示區，畫面輕盈不無聊

牆面總寬 3 米 10，隱蔽和開放櫃，大小配比約為 8:1（不含下方展示檯面）。

隱蔽門片選用素白配色，放大空間感受；混搭紋理清晰的木紋板，加強風格變化。

結合鏤空和隱蔽的手法，消彌櫃牆厚重感，並將收納進行更有系統的分類。

露出背牆，舒緩視覺得以延伸；整排不分隔，可利用簡易整理盒，靈活調整收納。

SOLUTION.3

圖片提供 思維設計 Thinking Design

結合其他機能，實用衣櫃仍需美觀

直向木紋面版呼應空間木質元素和紋理，對比乾淨的白色創造活潑跳色。

將兩座大衣櫃拆開、左右對稱而立，收納量不變，厚重感瞬間減半。

將臥房的收納與其他機能共同整合在一面牆，滿足實用需求，也給予櫃體更多創作空間，常見與書桌、電視櫃等一起設計。

系統板材在牆面 大玩格子趣

平時作為書房使用，但遇有客人留宿時又要立刻換裝變成客房，為了讓房間滿足雙重機能，首先利用系統板材在牆面設計出棋盤式格子櫃，滿足書房收納需求；另一牆面則以五金搭配板材設計掀床，平日掀床可收起來，讓出更多空間給孩子閱讀遊戲使用，而客人來時則放下床板，秀出彩色牆面，不僅方便也很有設計感。

圖片提供 頑漢空間設計

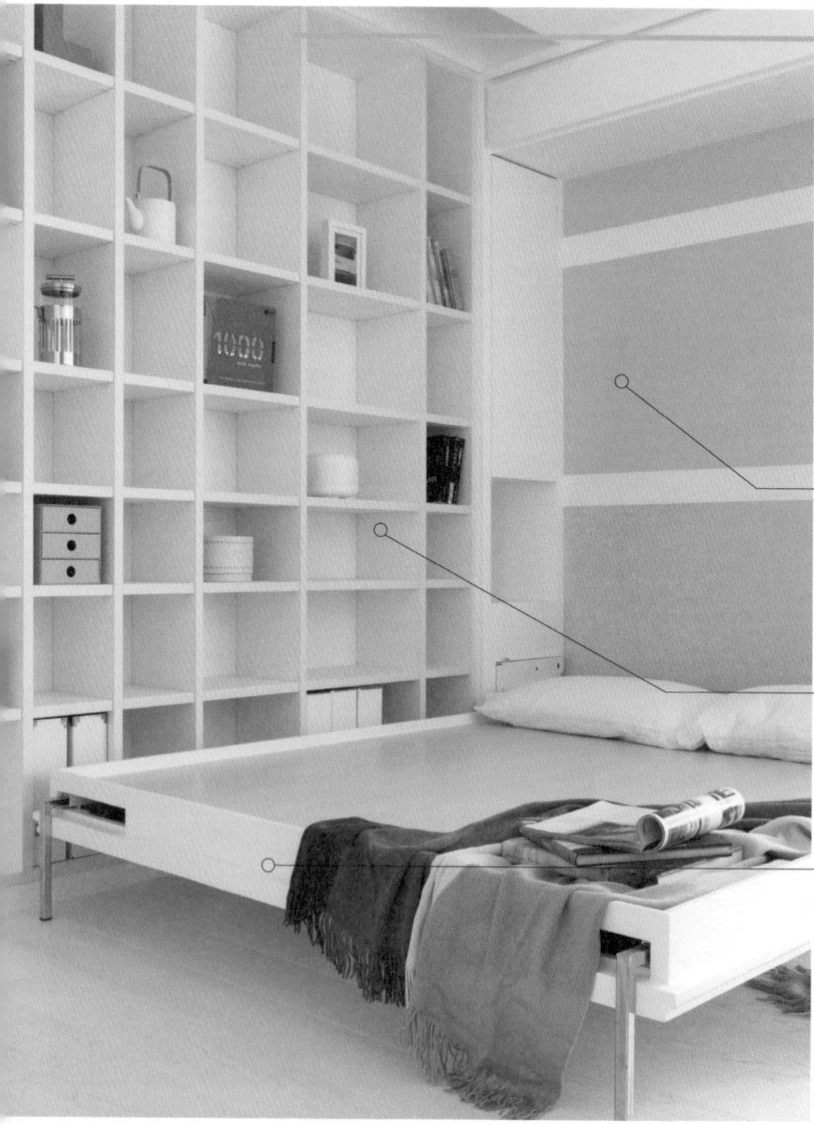

［色彩］放下掀床後可以發現檸檬黃與灰、白相間的條紋色塊，優雅牆色讓人驚喜，也成為亮點。

［色彩］全白的格子牆留給屋主更多收納利用與美化裝飾的發揮空間，顯現人文感。

［設計］五金掀床的設計讓空間的活用性提高，避免床位佔據孩子玩耍、閱讀的區域。

簡約品味！45度切角線條取代把手

由於臥房空間不大，為避免凌亂感，在牆面採用木皮門板搭配黑白色調的櫃門來呈現清新的現代感風格，尤其在櫥櫃設計上選擇以系統板材做出桶身與門板，且在櫃門下方利用L角切割做裝飾，並取代門把的功能，成為設計風格語彙。

圖片提供 法蘭德室內設計

[色彩] 在空間不大的房間內，選用白色櫃門可降低櫥櫃的壓迫感。

[設計] 省略把手的繁瑣感，改以在門板上做L角切割的黑色線條取代，讓畫面更顯簡鍊。

[設計] 簡單的白色門櫃搭配黑色皮革床頭與吸睛的裝飾畫，提升品味與藝術感。

層格分明，實用性十足的好用衣櫃

由中古屋改造的空間，設計師將原本獨立的更衣室打開，讓男女主人的衣櫃分別配置在前後兩端，並以純白色及暖灰色的系統櫃創造不同端景，整體一致門板構成簡約俐落的立面，而內部則發揮系統櫃易組裝特性，組合出實用性十足的衣物收納層格。

圖片提供 Z軸空間設計

[設計] 屬於女主人的暖灰色衣櫃，除了基本的收納之外，也以系統櫃架構黑色開放層架，方便放置帽子或包包等配件。

[尺寸] 衣櫃以系統櫃基本尺寸寬幅 120 公分的桶身、2 片 60 公分門板所架構，以達到櫃體最佳結構支撐力。

[設計] 前後兩端的衣櫃皆做置頂設計，以簡潔的視覺感放大空間感。

系統櫃的美感關鍵在比例與配色

擔心系統櫥櫃質感不如木工設計嗎？其實只要掌握好配色與比例，就能讓系統傢具更有氣質。為了滿足小房間收納與閱讀區雙重需求，除了上方以灰、白雙色搭襯設計出書櫃外，下半部則以木皮桌板搭配白色抽屜規劃書桌，加上灰褐色漆牆作為底色，讓空間更添底蘊，整體色調也更柔美。

[設計] 接近屋頂區以門櫃來收納易雜亂物品，下方規劃開放書櫃，不但高度恰當便於拿取書物，牆面也不會太封閉感。

[設計] 開放書櫃以中間二大、左右二小對稱排列，展現出活潑、不呆板的設計畫面。

[設計] 上櫃下內嵌燈光不僅提供照明，柔和的光線也增加櫃體的美感。

[色彩] 櫃體以大地色系的灰、褐色與白色組合，搭配木紋理的桌板與地板，呈顯出氣質人文氛圍。

圖片提供 頑渼空間設計

依據功能、空間條件混搭木工與系統傢具

整合書桌閱讀功能的小孩房，在預算與使用考量下，結合木作與系統櫃兩種施作方式；書桌以及些微架高的床鋪右側收納櫃，希望淡化板材間的接縫線條，及充分利用架高高度的關係，因此必須以木作打造，另外功能單純的吊櫃、衣櫃則運用系統板材完成，既可節省費用又達到低甲醛、好保養的優點。

圖片提供 緯傑設計

［色彩］系統櫃、木作挑選相近的楓木色系，使兩者之間達到協調。

［費用］吊櫃 NT.20,000 元

［費用］衣櫃 NT.70,000 元，

［尺寸］衣櫃底部安排25公分高的抽屜形式，方便小朋友收納整理玩具。

木工多功能、系統創造高收納量

32坪住宅空間，原始主臥房配置相對擁擠，床鋪側邊走道也十分狹隘，經過設計師重新調整，並搭配木工規劃懸吊式多功能櫃體，及右側簡約俐落的系統櫃，收納功能發揮至極致，將兩者對調後，換取寬闊的空間感。

圖片提供 苑茂室內設計工作室

[設計] 懸吊式櫃體因整合化妝桌、書桌、設備櫃體設計，必須以木工施作才能達成。

[費用] NT.24,800元

[設計] 衣櫃中間搭配開放式收納設計，提供放置包包使用，也增加櫃體變化性。

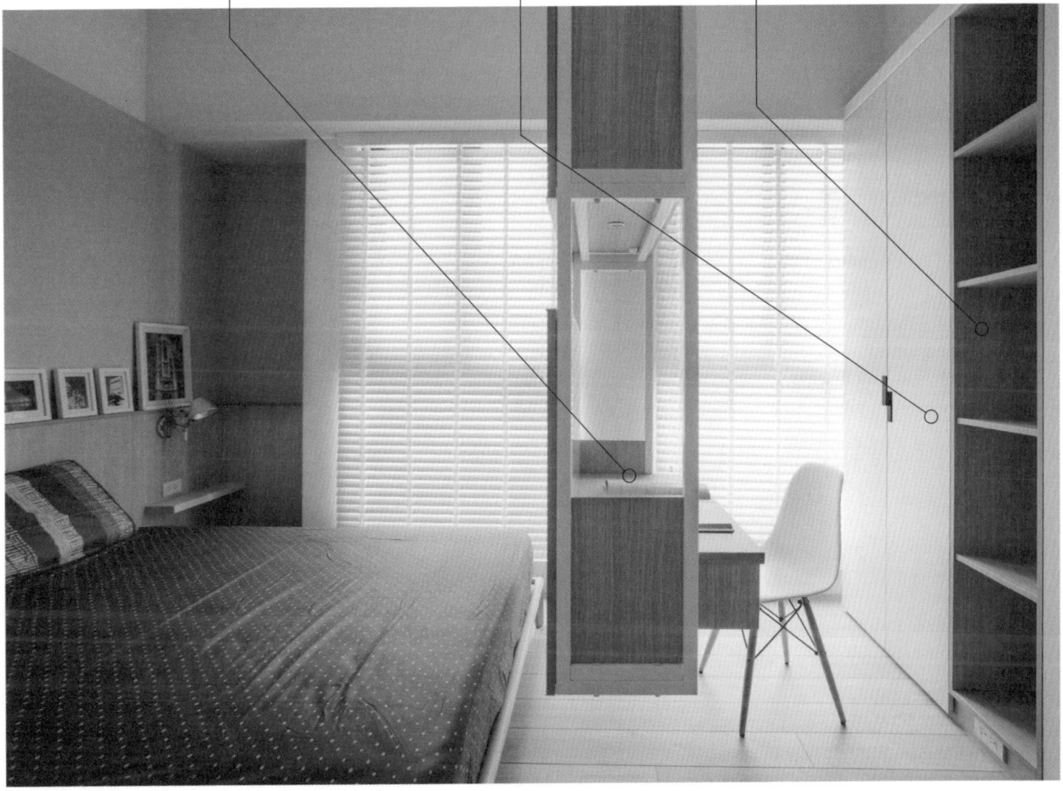

以收納巧妙修飾樑柱

在樑下位置規劃成書架、收納區域，上層以系統板材打造開放式書架，隔板以錯落方式做安排，避免書架看起來太過單板，下層則以矮櫃做規劃，門片選擇白色木紋門片並以45度斜角做隱藏式把手設計，矮櫃高度刻意與書桌齊高，藉此收整空間線條，也讓櫃體看起來更加俐落、有型。

圖片提供 沐澄設計

［設計］踢腳板和矮櫃檯面，選擇與層板相近色系，利用材質、顏色的一致性打造整體感。

［尺寸］由於層板長度為220公分，需增加層板架數量，以增強承載力。

［設計］將層板架藏在層板裡，讓畫面看起來更為美觀。

雙色美形櫥櫃
搞定收納與風格

考量臥房的健康要求，在櫥櫃設計上以系統傢具為主軸，減少了木工甲醛含量的問題，同時也避開實木蟲蛀的隱憂。設計師在床頭以原木色搭配白色板材做配色安排；在機能上，由左側床頭櫃、門櫃到右側層板櫃，滿足各式收納需求，臨窗邊處則請木工訂製簡單書桌配搭牆面漆作與層板，增加實用性外，也讓畫面留白、更舒壓。

圖片提供 賀澤室內裝修設計工程有限公司

[設計] 在床頭下半部以橫向木紋做鋪設，讓視覺有延展放寬的效果。

[材質] 上櫃採白色板材做門片，除了與木皮產生配色效果，也減低櫥櫃的壓迫感。

[設計] 窗邊特別保留局部牆面不做滿，除搭配書桌做書架使用外，也避免遮住採光。

從小朋友角度思考的多元收納設計

擁有明亮採光的小男孩臥房以舒服的藍綠色調鋪陳，在坪數充足的空間以系統櫃打造專屬的閱讀及遊戲天地。書桌規劃在臨窗光線較好的區域，原本空間結構產生一個難以利用的小轉角，設計師便順著牆面做出有轉角的書櫃，並在衣櫃旁變化出不同的書本展示架，提升小朋友的閱讀興趣。

圖片提供　權釋設計．系統櫃廠商 ed HOUSE 機能櫥櫃

［設計］衣櫃旁邊設計有如圖書館裡的展示書架，能夠展示最新購買的故事書。

［材質］系統櫃門片有多種表面紋理，這裡以仿天然材質紋理呼應臥房的自然色系。

[設計] 依牆面輪廓設計的轉角書櫃，刻意規劃大小不同的層格，讓小朋友在收整書本外還可以展示喜愛的玩具或勞作。

[設計] 書桌右側的下凹設計，讓小朋友下課後可以擺放書包。

無把手設計，系統衣櫃也能有木作質感

空間寬敞的主臥房，除了睡寢區，另配置有書房，設計師利用系統衣櫃作為隔間，區隔出不同空間的屬性，也創造出收納機能。櫃體設計簡潔俐落且採取無把手，搭配選用自然灰橡木板材與淺色木紋地板帶出溫暖與層次感。此外，將櫃體形式直接採取開闔門片、格子抽兩種方式，使用上也更為便利。

圖片提供 存果空間設計

［設計］無把手以ㄇ字型開孔造型的設計，為仿效木作櫃體的施作方式，讓空間木作和系統不致有太大落差 。

［尺寸］系統櫃的寬度為 210 公分，高度和深度分別是 232 公分、60 公分。

［色彩］牆面選用與灰橡木相近的棕色刷飾，創造寧靜放鬆的睡寢氛圍。

［費用］櫃體總價約 NT.30,000 元

玻璃更衣間，串連機能保留明亮開闊

利用主臥房至衛浴的過道空間，以穿透玻璃拉門劃設出更衣間，達到充分的機能運用。選用玻璃門片讓光線、視覺能自由流動，降低壓迫感，同時利用鐵件結構簡化衣櫃量體，讓衣物有如置放櫥窗展示般。

圖片提供 苑茂室內設計工作室

［費用］系統櫃板材 NT.48,850 元、鐵件 NT.62,500 元

［尺寸］高 265 公分的開放衣櫃，透過抽屜、吊衣桿、格狀儲物盒等不同形式提供多元的收納需求。

［設計］系統櫃不只是衣櫃，也整合了梳妝檯功能，為小空間創造多機能。

複合機能的多功能衣櫃

樓中樓的2樓長輩房採用沉穩靜謐的秋香配白牆，同時善用樑下結構衍生出不同形式的櫃體；床頭後方採用上掀收納概念，結合兩側床邊櫃的規劃，另一側的衣櫃則是搭配矮櫃及吊櫃設計，兼具收納衣物、書籍與展示等多元用途。

圖片提供 存果空間設計

[設計] 衣櫃部分運用吊櫃、矮櫃搭配設計，增加系統櫃的變化性，豐富空間視覺。

[尺寸] 衣櫃部分則是寬 7 尺、高 263 公分、深度 60 公分，中間平檯約 45 公分高，可擺放飲水設備。

[尺寸] 床頭櫃寬 9.5 尺、高 90 公分、深度 40 公分，適合收納輕薄的被子。

[費用] NT.95,000 元。

用系統板材完成床頭板與收納

以精品飯店般的設計作為住宅軸心，主臥房床頭板與床邊櫃均採用系統櫃完成，一來可降低床頭板造型，其次也能讓傢具與收納做完美整合，更重要的是，選用系統化施作方式，比起木工實木貼皮來得省預算。

圖片提供 苑茂室內設計工作室

［費用］NT.37,350 元。

［配色］床頭板以深灰色調搭配穩重的深藍牆色，營造如飯店般的質感，也具層次變化。

［尺寸］床頭櫃高度控制在 90 公分左右，抽屜深度達 40 公分，可擺放眼鏡、手錶等雜物。

巧妙修飾柱體的清爽櫃體設計

訴求簡約北歐風的老屋改造，主臥房經過隔間的調整獲得更為寬敞方正的空間感，同時依循著北歐風的調性，利用牆面規劃一整面染灰木皮衣櫃，再加上一字形把手門片設計，呈現清爽簡潔調性，也能減輕櫃體的沉重感。

圖片提供　緯傑設計

［色彩］染灰的系統板材與白色基底架構之下，另外選用綠色繃布作為床頭繃板，展現自然療癒的氛圍。

［設計］大面衣櫃其實隱藏了結構樑柱，透過櫃體的設計巧妙予以修飾。

［費用］NT.58,000 元

開放更衣間
完美收納飾品配件

18坪中古屋改造，經由捨棄一房格局整頓，換來寬敞開闊的主臥房；設計師利用化妝檯以及左右牆面衣櫃規劃，創造出開放式的更衣間形態，保留光線與空間通透感，也巧妙遮擋通往衛浴的入口。櫃體的橡木洗白板材，則延續全室純淨白色主軸，勾勒出休閒紓壓的北歐氛圍。

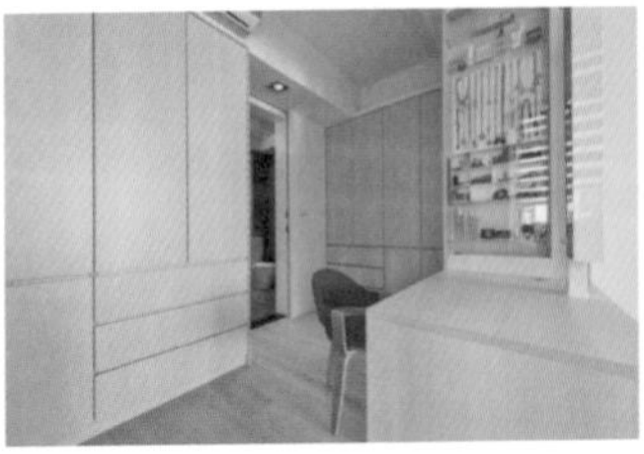

圖片提供 存果空間設計

［設計］兩座衣櫃的內部規劃，分別依照男女主人的身高做調整。

［尺寸］化妝檯深度為65公分，正好可搭配霧面PP收納盒，讓開放櫃體能保持整齊。

［設計］化妝檯側面結合配件收納，讓女主人心愛的飾品有如精品般展示不顯雜亂，同時也能一覽無遺做服裝搭配。

［費用］櫃體總價約NT.93,000元

天地留縫設計，提升系統櫃體美感

寬闊的主臥房空間，依據功能區分為睡寢區、閱讀區，兩側衣櫃皆採系統板材規劃而成，相較木作、油漆等工序打造的衣櫃更省時也更好保養，尤其是系統板材表面擁有極佳的耐磨層，使用上也不易刮傷。設計上利用乾淨俐落的線條，加上天地留縫、均分的把手線條等等，讓系統櫃也能呈現如木作般的美感比例。

圖片提供 日作空間設計

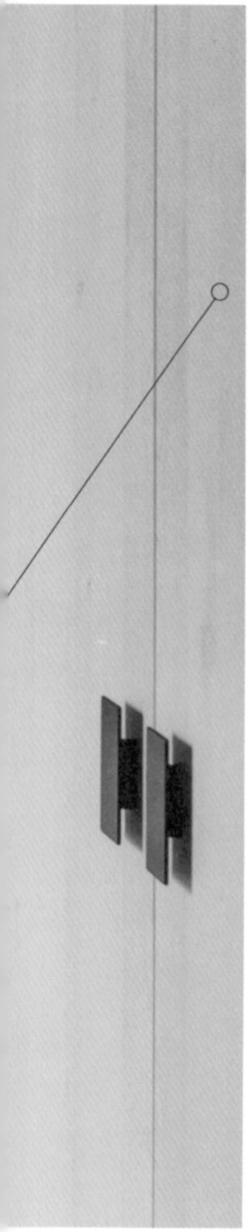

［費用］
閱讀區 NT.50,000 元。

[費用]
睡寢區 NT.85,000 元。

[設計] 系統衣櫃的上、下均特意留出 2 ～ 4 公分的縫隙，讓這些縫隙產生淡淡的陰影效果，創造出透視感受，完全化解系統櫃體的呆板。

[設計] 將系統櫃的側立板做在門板裡面，少了櫃體的邊框，淡化量體的存在感。

懸吊五金、滑輪運用，櫃體軌道變隱形

主臥房通往衛浴的長形空間，分別規劃了閱讀區與更衣功能，動線上相對流暢許多，大面衣櫃在空間感的考量之下，採取玻璃滑門，巧妙之處在於滑門所配備的特殊五金，將軌道化為無形，使櫃體的線條降至最低限。

圖片提供 日作空間設計

[材質] 衣櫃門片使用懸吊拉門五金與藏在門片後方的滑輪，讓空間更為俐落簡約。

[設計] 為了更釋放過道的空間感，衣櫃門片採取玻璃材質，具反射且通透的光澤感可降低壓迫性。

[費用] NT.140,000 元

ㄇ字型結構嵌入系統櫃，釋放寬敞空間感

3房2廳的住宅，由於屋主夫妻甫為新婚階段，保留的兩房除了規劃為書房；另一間則作為客房兼長輩房，巧妙運用房子既有的結構凹角，選擇以低甲醛的E1系統板材創造衣櫃機能，讓櫃體看似嵌於壁面內，空間感更形簡約俐落。

圖片提供 珞石室內裝修有限公司

[色彩] 延續公共廳區所使用的染灰橡木為衣櫃板材，牆面則挑選略為穩重的草綠色調刷飾，呈現寧靜放鬆的睡寢氛圍。

開放區抬起大衣櫃，收納更見輕巧

從事遊戲相關工作的屋主，長期蒐藏了許多模型和公仔需有龐大收納空間，未來並可能持續增加。將收納展示的概念自公共區域延伸到臥房，結合衣櫃規劃緩衝區；臥房進門處，受限原始格局形成約2米長過道區，為避免壓迫不做櫃牆，將化妝檯移到此處，配置小型吊櫃和層架處理收納，亦可充當簡易書房，為空間進行妥善運用。

圖片提供 思維設計 Thinking Design

[設計] 梳妝檯深度50公分，延伸衣櫃木紋色彩材質，呈現一致風格；層板約有1米長，加入鐵件裝飾並補強其承重性。

[尺寸] 左側開放區高度165公分、寬度40公分，深度則為62公分。

[材質] 開放區選用紋理清晰的木紋板呼應床頭梧桐木造型天花，彰顯出空間風格重點。

[設計] L型鏤空區框起隱蔽收納創造視覺變化，並將衣櫃抬高，有效輕化大面櫃牆的厚重感，為臥房收納提出不同解決方案。

[尺寸] 下方抽屜和開放檯面高度總計約75公分，同梳妝檯高度。

[尺寸] 白色衣櫃高度為160公分，寬度270公分、深度60公分。

整合儲物、衣物、視聽的多元櫃體

主臥房利用床尾處規劃一面整合視聽與衣服收納的櫃體，滿足臥房所需的機能，最上端的部分為儲物用途，左右兩側則是吊衣桿，電視櫃下方為抽屜形式，將眾多機能整合在一個櫃體內，提高臥房的使用坪效。

圖片提供 珞石室內裝修有限公司

［設計］衣櫃量體線條簡約，包括把手也特別挑選俐落的款式，呼應整體空間的現代簡潔風格。

［色彩］由於空間有限，櫃體選用白色調為主，降低壓迫也帶來清爽舒適的視覺效果。

Step 4

挑風格

工業風、鄉村風、現代風，隨興選配不設限，搭出質感居家好品味系統傢具給人的刻板印象，就是缺乏風格不夠漂亮，但隨著材質的進步，現在不只有各式各樣的花紋、材質及造型，紋樣擬真度愈來愈高，有些造型甚至連木作都做不到，風格搭配上也因此更為廣泛，不論是現代風、工業風還是鄉村風，系統傢具都能精準呈現風格語彙，提昇居家空間的質感與品味。

挑風格最容易發生的NG行為

NG

打造風格，只有木工行!?

想把收納櫃做成鄉村風，但聽說系統傢具做不到，只能找木工師傅做才行？

OK

門片樣式多元，可搭配居家風格

門片的花色與樣式通常可決定櫃體的風格呈現，因此，不妨多花點時間與預算在門片上，現在的門片花色多樣又可再後製加工，無論現代摩登、北歐簡約還是鄉村風，都能輕鬆完成。

NG

長得都一樣，一點特色都沒有!?

系統櫃看起來都很像，想用系統傢具做出更多變化，有可能嗎 !?

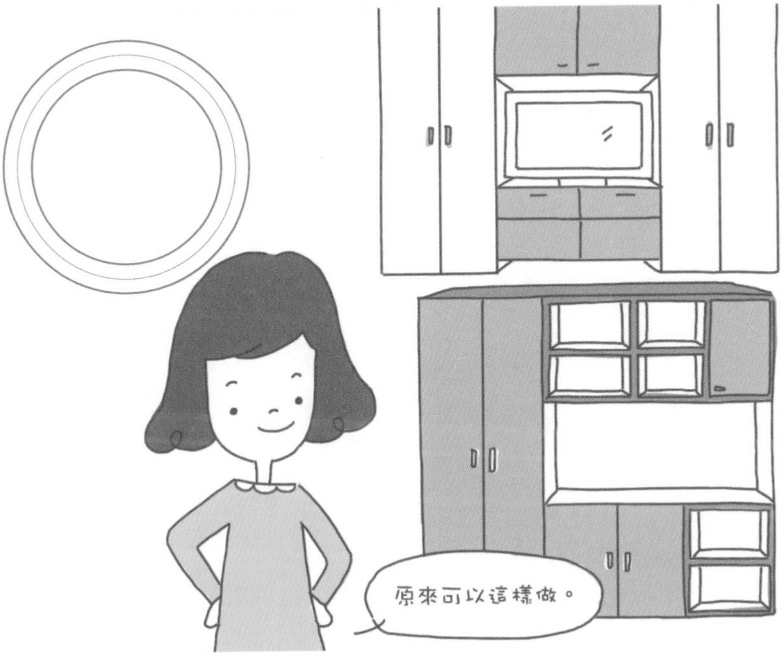

OK

隨興搭配，組裝心目中的完美樣貌

系統傢具雖然在造型上不及木作，但機能、尺寸、門片顏色、造型及五金可依喜好及需求做不同搭配及設計，不只提高使用機能，視覺上也能有更為豐富的呈現。

圖片提供 Z 軸空間設計

圖片提供 PartiDesign Studio 曾建豪建築師事務所

色彩

現在的系統傢具與時俱進，擺脫了早期沒有特色又單一的印象，不只在顏色上有更活潑、大膽的變化與選擇，更進一步在風格上發展出多樣款式。最簡單的方式就是在門片上做變化，只要選擇喜歡的風格的門片，原本被認為呆板的系統傢具就能立刻變身成你心目中理想的居家風格，又或者利用貼皮或染色，逼真的材質轉印，很能真實傳達符合風格的語彙。

圖片提供 PartiDesign Studio 曾建豪建築師事務所

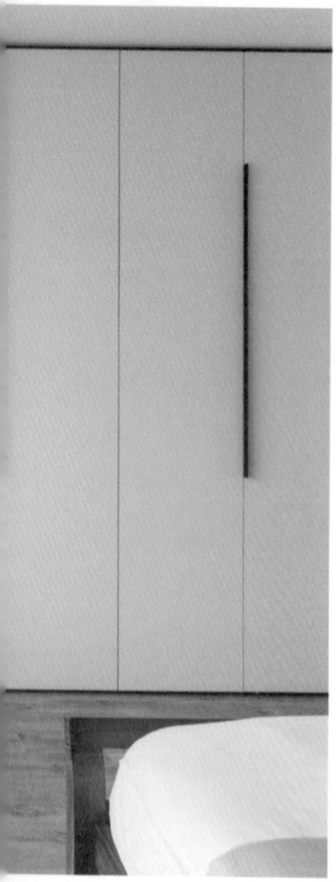

TREND 1

經典原色

百看不膩的好選擇

每種色彩都有屬於自己的個性，因此能傳遞不同心理感受，在居家色彩的運用中像是木色、白色這些經典不敗原色或是單色，都擁有單純好掌握的特性，是講求溫馨舒適氛圍的居家空間中容易上手的配色選擇。

木色

發揮木色溫潤特質與不同色彩調和相融

源自於大自然的木色就系統櫃來說，大多是在板材外層包覆木皮做表現，而木材的色澤、紋理為其特色，因此想要呈現自然質感可選擇表面保留觸感的木皮，或者挑選不同走向的木紋，像是直向木紋能拉高空間感，橫向木紋則能放大空間。天然木色能輕易融入各種色彩，因為木色溫潤的色質，與各種顏色搭配幾乎都能呈現溫馨自然的居家氛圍。

直向木紋紋理引導視覺延展空間高度。

木色木片搭配及腰鐵件把手，呈現當代中性風格。

轉角層櫃兼具展示與收納機能。

溫潤特性，柔和轉折銳利角度。

圖片提供 CONCEPT 北歐建築．系統櫃廠商 ed HOUSE 機能櫥櫃

白色

包容多種色彩 並能提升配色明亮度

屬於無色彩的白色包容性高，運用在櫃體能與其他色彩相互協調，不只可當主色使用，也能作為點綴配色平衡其他顏色；白色若與濃郁飽和色彩搭配，具提升顏色明亮效果，與淺色調搭配則能營造柔和氛圍。運用於系統櫃的優點是能弱化量體，減少巨大櫃體帶來的壓迫感，若有大量收納需求，白色系統櫃可讓空間感覺較為開闊輕盈。

置頂高櫃整合視覺感受，使空間更為乾淨俐落。

高低錯落的把手，以簡單設計手法創造變化。

大面積使用純粹白色，營造寢居寧靜休憩環境。

門片比例切割，增加單純白色豐富性。

圖片提供 CONCEPT 北歐建築・系統櫃廠商 edHOUSE 機能櫥櫃

單色

單一配色營造 穩定和諧視覺感受

單色配色法在配色技巧中最為簡單，在系統櫃搭配上為了避免單色過於單調，可以在色彩明度上變化，創造出較豐富的層次感，但儘可能保持一個色相為原則，以創造穩定一致的空間感。雖然運用單色配色可以自由挑選色彩，但仍需建立一個基本觀念，低彩度（較不鮮豔的顏色）使用在連續櫃體，高彩度（較鮮豔的顏色）使用在較小的櫃面。

開放式層架設計增加單色變化性，也賦予實用性。

暖灰色衣櫃調和中性色調的臥房。

圖片提供 Z 軸空間設計

大面積採用淺色木紋門片，營造舒適自然風格

屋主期盼擁有休閒感的居家，因此空間以輕鬆無壓的純白色鋪陳，同時選擇淺色木紋系統門板搭配，調合出溫暖居家氛圍，系統櫃結合電視牆的設計手法，不但為公共空間提供實用的收納機能，也完美隱藏視聽設備雜亂管線，使整個空間乾淨俐落。

圖片提供 CONCEPT 北歐建築．系統櫃廠商 ed HOUSE 機能櫥櫃

［設計］利用系統櫃將天花樑不著痕跡地隱藏其中，同時整合了因為大樑產生的邊邊角角。

［材質］大面積採用仿木紋門片，不僅節省裝潢預算也成功營造出居家休閒感。

［設計］跨距尺寸的系統櫃體結合電視牆功能，將收納機能整合於無形，並大符降低施工時間。

淺木色系統櫃 融入森林系住宅中

在預算控制與打造原木風的雙重考量下，設計師選擇將天花、地板與牆櫃以不同木皮作質感表現，只在餐櫃部分搭配白岑木系統傢具。淡淡的木紋理在深淺不一的天花板、地板與木牆色澤彼此間產生呼應，同時形成層次感，如同森林中豐富木種的自然氛圍。

圖片提供 PartiDesign Studio 曾建豪建築師事務所

[設計] 左後方客廳的書櫃牆，是以屋主指定的無印良品現成抽櫃搭配木作框架構成。

[色彩] 除了木作色調，麥褐色牆面同樣襯托出白梣木餐櫃的質感。

[尺寸] 配合背牆寬度而做的系統櫃，除提供餐區收納外，86公分的櫃體高度恰可擺放茶具或小家電。

[色彩] 白梣木系統餐櫃與木格子杯櫃互相映襯，深淺木色更顯自然活潑。

儲藏室門轉化為最耐看的木牆

為滿足收納需求，並增加空間的風景牆，設計師先利用系統櫃體在客廳主牆後方規劃一間可走入式的儲藏室，再將門片以木皮包覆隱藏於延伸牆面中，讓視覺可停留在自然木牆上，順勢依設計清楚地界定出客廳與餐廳的區域。另一方面，在餐廳主牆面選用白色與灰色木紋雙色系統傢具櫃，營造出清新單純的空間感。

圖片提供 頑漢空間設計

[設計] 餐廳主牆透過白色吊櫃來淡化櫃體感，而下方灰色餐櫃則具穩定畫面的效果。

[材質] 為了增加自然元素，將系統櫃打造的儲藏室外部貼上木皮門牆，形成端景牆以提升空間質感。

[色彩] 木牆選擇淺色木皮，搭配周邊的灰、白牆與沙發等，同樣都是淡彩原則，讓畫面更明亮。

[色彩] 綠色單椅與原木色餐桌適度地增加餐廳色彩，達到畫龍點睛的效果。

多重木紋同場亮相，演繹材質豐富層次

面對小孩房的大量物品，運用多種單位形式的系統櫃打造龐大收納空間，並將書桌整合床頭櫃做一整排連貫設計，同步加入實用收納機能；色彩配置抓準木素材為主軸，分別在地坪、書桌、櫃體、臥榻、牆面等不同界面，放入多款木色紋理相互映襯，鋪陳溫馨雋永的環境氛圍。

圖片提供 思維設計 Thinking Design

[設計] 層板深度30公分，厚度卻高達4公分以規劃隱藏螺絲鎖，讓線條更整潔俐落，最下層則嵌入燈光方便書桌照明使用。

[材質] 木製層板加入黑色玻璃做立面線條切割，借用材質穿透性達到視覺延伸效果，跳脱臥房的大量木色，趣味之餘，更顯細緻。

[材質] 選用白色木紋板，減低吊櫃的重量感，門片下緣加長幾公分替代把手，線條更整齊。

[設計] 沿窗設置一塊臥榻，結合上可掀式門板融入小孩房的布偶收納，賦予多重機能。

黑，讓開放書房也能凝聚心神

有別於一般居家用色總是偏向保守，設計師在客廳後方的開放書房，先以系統傢具設計桌面以及背牆上的內嵌收納櫃，接著再大膽地選用黑色鋼刷木皮鋪設表面，打造出具份量感的公領域主牆，而黑色書房不僅讓客廳白沙發更加出色、有質感，同時也更能凝聚書房的空間感。

[材質] 鋼刷木皮也可選用黑色板材取代，畫面同樣可達到聚焦效果，但因板材表面是平面印刷，光影表現無法如木皮般生動。

[色彩] 書房與客廳間捨棄實牆隔間，僅透過黑色表材讓矮牆延續至後端高牆，明確地界定了書房空間。

[色彩] 客廳選擇白色傢具，而餐廳則選配白色系統櫃，以避免黑色區塊比重過大，形成壓迫感。

圖片提供 頑渼空間設計

白梣木系統書櫃提高空間亮度

開放的書桌區以系統板材設計白梣木書櫃，搭配不規則的間隔門櫃設計展現活潑視覺，其中開放的櫃體可擺設照片或飾品來秀出生活感。而右側神龕與玄關連結的雙面櫃則是以木工打造，大量木作延伸至電視牆與書桌桌面，可藉由白色書櫃的留白讓溫暖的木牆色調更有亮點。

圖片提供 PartiDesign Studio 曾建豪建築師事務所

［材質］除了木作櫃體，電視牆則採用OSB板與木皮串接，讓視覺呈現溫暖的自然質感，緩減了系統傢具的平面感。

［設計］量體頗大的成排系統櫃，因為門片與開放穿插設計而顯得輕盈許多。

［色彩］書桌區的白梣木吊櫃，適度地為木皮空間留白，達到調節亮度的效果。

以色彩區隔，打造有規律的收納

在臥房一角規劃女主人的專屬區，配合梳妝檯位置設置一座斗櫃和吊櫃，分別收納小量體的飾品配件和包包雜物。色彩上，以白色結晶鋼烤為主軸，營造清爽明亮的睡眠情境，畫龍點睛加入一抹櫻花紅，是女主人親自挑選的顏色，為房間染上些許柔和色彩。

圖片提供 懷特設計

［設計］整排吊櫃妥善收起女主人的包包和皮件，白色門板選用質感較佳的結晶鋼烤做呈現，加入兩格開放櫃，方便收放常用單品。

［色彩］以色彩區隔收納項目，斗櫃的白色抽屜可擺放小體積的盒裝物件，灰色可放珠寶首飾；吊櫃以櫻花紅與白色做跳色，讓收納一目了然。

［尺寸］斗櫃深度 45 公分（與梳妝檯相同）。

［尺寸］吊櫃深度 35 公分，兩櫃高度同為 85 公分，中段間隔 65 公分。

［尺寸］梳妝檯高度則是 75 公分。

運用單純白色減輕雙面櫃量體感

採用開放式的空間格局，客廳及餐廳形成了舒適的休閒場域，但仍希望有玄關作為緩衝空間，且可將住家內部做隱密的區隔，於是利用系統櫃作為入口及餐廳之間的隔間，雙面櫃能分別提供給玄關及餐廳不同的收納機能。

圖片提供 乙軸空間設計

［設計］由 2 個系統櫃組合成的隔間，是根據空間需求量身訂製而成。

［尺寸］在面對餐廳的一側特別以系統櫃常用尺寸裁切設計成上下櫃的形式，讓門片開啟較為方便。

［設計］系統傢具線條簡單，純白色與現代風的居家呈現一致調性。

運用雙單色在簡約設計中創造變化

單純以閱讀為需求的獨立書房，利用系統櫃沿牆面設計L型書桌，並規劃基本層櫃及抽屜，延續空間現代簡約調性，以俐落分割手法呈現，再運用色彩做出變化，營造自然放鬆的閱讀環境。

圖片提供 CONCEPT 北歐建築，系統櫃廠商 ed HOUSE 機能櫥櫃

[色彩] 利用白色和綠色 2 種單色搭配，使變化有限的系統櫃也能為空間呈現不同感受。

[設計] 書房依照閱讀需求另外增加開放式的層板設計，方便擺放常閱讀的書籍。

[設計] 在白色隱閉式櫃體中穿插開放層架，以刻意破壞秩序的設計手法，讓整體以系統櫃打造的空間不會太過呆板。

清淺木色營造舒適氛圍

小巧的臥房坪數並不寬敞，除須思考衣櫃配置外，原格局最內側另有一個儲物間。將所有收納整理於同一立面，統一各項門片尺寸，並把衣櫃門板拉出櫃體，直接做落地，掩飾掉櫃體踢腳板線條，搭配直橫雙向木紋交互應用，達到視覺延展，放大空間感受。

圖片提供 思維設計 Thinking Design

［材質］淺色門片舒緩空間，鋁框特地調整成白色，貼近木紋質感，為風格做更好呈現。

［設計］所有門片進行一致設計，包含尺寸、使用方式和色彩材質等，突顯臥房風格質感，更簡潔、俐落。

［材質］天花橫向木紋延展空間的寬幅，櫃體直向木紋呈現空間的高度，各自引導視覺忽略空間狹小問題。

白色主牆，讓最佳創意留給屋主

因希望擁有更寬敞的起居空間，將客廳後方書房改以軌道拉門做活動隔間，平時可打開，讓在書房閱讀、遊戲的孩子可無距離與照顧者互動。而書房內利用純白色的系統板材，以高、寬間距不同的格子建構出主題牆，既可以收納書物，亦可隨屋主的喜好或生活品味來裝飾出不同風格牆。

圖片提供 頑渼空間設計

[色彩] 挑選白色板材來設計格子牆，可降低櫃體的干擾、突顯櫃內展示，讓屋主品味與創意變成主角。

[色彩] 開放系統格子櫃內可選搭幾件高彩度的飾品來妝點牆面，讓空間更具朝氣活力。

[材質] 雖然牆面、櫃體、沙發、地板與傢具都鎖定白色調，但因不同材質讓白也能呈現許多層次。

結合布織品融入溫暖的風格調性

主臥空間位在獨棟住宅的其中一整層，屋主是一對新婚夫妻，加上家中有學齡前的小朋友，臥房需要大量收納空間，收整零散物件，設計主軸希望讓收納機能融入空間調性，因此利用系統櫃沿著牆面快速架構出屋主所需的櫃體，現場組裝也減少粉塵對小朋友的影響。

圖片提供 Z軸空間設計

［設計］系統板材在確認設計後由工廠裁切製作，現場組裝成接續臥榻櫃體結構的實用書桌。

［設計］利用空間原始結構，簡單增加系統板材成為展示層架。

［設計］同時考慮到臥房的休憩功能及收納需求，規格化的系統櫃能沿著平整的牆面設計臥榻收納，上方增加的訂製軟墊，能柔化系統櫃生硬感，與整體風格更為融合。

固定傢具選用中性調，空間更具包容性

空間機能著重於預留書房未來變更為小孩房的可能性。運用原始格局的畸零區，在房門和窗戶間規劃一張243公分大書桌，樑下設置三道層板結合吊櫃配置，打破傳統制式的收納想像，其餘不做太多設計，傢具亦以少量、可移動性做選擇，保留空間的可塑性。

圖片提供 思維設計 Thinking Design

［尺寸］書桌採取標準規格，高度75公分、深度60公分，書櫃深度則減半為30公分，不造成壓迫也方便使用。

［色彩］層板選用中性的灰色調，映著原木色立板，呈現低調不張揚色彩性格，並能順應空間隨機調整靈活換色。

［設計］在層板中段插進一塊立板做線性切割，創造豐富視覺，可充當書擋，亦縮短層板的跨距確保書架的承重性。

圖片提供 CONCEPT 北歐建築・系統櫃廠商 ed HOUSE 機能櫥櫃

TREND 1

繽紛玩色

掌握色彩玩味空間的創意與新意

豐富的色彩能創造出千變萬化的配色組合，看似簡單的配色其實大有學問，像是對比配色的活潑感，或者同色系的和諧性，皆讓空間呈現截然不同的感受，因此運用色彩時需要了解顏色的特性和本質，才能輕鬆營造空間風格調性。

對比色

鮮明對比配色需拿捏搭配色彩比例

對比色就是色相環上兩個相對180度的顏色，通常是暖色、冷色相對應，例如：紫色、黃色；紅色、綠色等。兩個對比顏色搭配在一起，會提升彼此色彩的視覺強度，因此，想利用櫃體帶出空間活潑感，不妨在門片上大膽使用鮮明搶眼對比色，但要注意，顏色搭配的面積比例避免過於接近，否則濃郁色彩加上櫃體可能給人壓迫感，搭配時可選出主從關係，調整對比色的比例。

在櫃體局部使用鮮明色彩提升空間活潑氣氛。

刻意描繪櫃體邊框巧思運用系統櫃為空間注入藝術特質。

同色系

同色配色容易協調 應注意配色過於相近

同色系意指特定顏色透過明度及彩度變化形成彼此相近的顏色，如：綠色因明度改變而形成淺綠、深綠等色彩，這些就被稱為綠色的同色系。櫃體搭配會因同色系顏色相近讓整體呈現協調視覺，並創造出和諧的律動感，但選色若過於接近，則無法突顯色彩間的差異。

櫃體運用黑灰色和白牆搭配表現出俐落的現代風格。

木色櫃體平衡了理性的空間感提升居家的溫暖氛圍。

鄰近床尾的懸吊矮櫃兼具展示與實用的收納機能。

圖片提供 頑渼空間設計

收納兼顧造型呈現，中性灰襯托木色溫潤

開放式餐廚區，首先依照屋主希望預留一面牆吊掛大幅畫作，角落擺上一座機能滿分的大型落地櫃；同步轉化斗櫃概念，調整組合成一款造型餐櫃，懸空設計減輕櫃體重量，避免一進門就產生厚重壓迫感，並截取周圍元素與色彩和材質做連結，定調公共區域之風格，結合實用機能又饒富趣味。

圖片提供 思維設計 Thinking Design

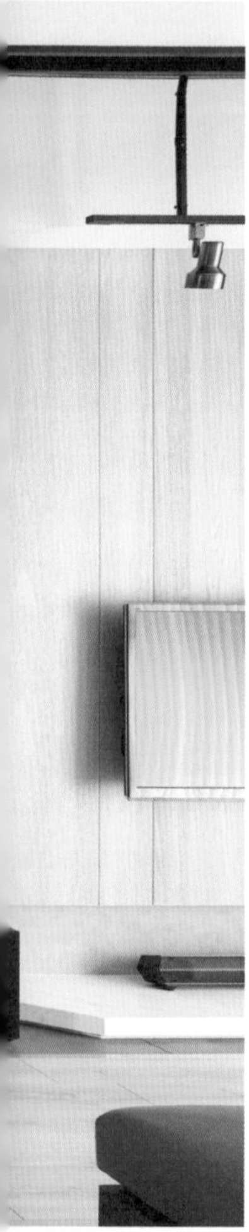

［設計］檯面設置抽屜擺放餐廳刀叉小物，鄰近入口位置切出一道斜角，抽屜轉向客廳提供玄關收納。

［尺寸］落地高櫃的深度50公分、寬度80公分、高度261公分。

［尺寸］低櫃由多個收納單元進行組合，總計高度55公分、寬度190公分、深度40公分。

［色彩］包容性極佳的灰色背景上，櫃體呼應電視牆的淺木色，並不忘加入兩個灰色方櫃，強化牆面的連結。

［設計］從收納的角度

開放、滑門、開門、

設計，打造活潑趣味的

黃色木作櫃搭配木門片點亮居家特色

一對童心未泯的年輕夫妻，設計師希望讓他們的家滿足機能外也注入一些趣味變化，因此以當代的簡約現條加上溫暖的材質為空間風格定調，再搭配鮮明的色彩增添愉悅氣氛，位在客廳的櫃子結合了系統櫃及木作，創造出機能與美感兼具的特色收納設計。

圖片提供 Z軸空間設計

［設計］3個門片內分別收放衣帽、鞋子及一般雜物，設計師利用系統櫃容易組合的功能在同一個櫃體內賦予不同收納任務。

［設計］收納櫃的桶身及門片部分採用系統傢具，外層則以木作烤漆呈現明亮的鮮黃色，不僅節省了預算也展現設計創意。

系統十木作，黑白時尚，有色有型！

主臥以黑、白、灰為主色系，在牆面為男主人量身訂做一座收納櫃，延續主臥配色概念，無論在櫃體的造型構思和收納安排，參考他喜愛蒐集汽車模型的嗜好做延伸思考，將系統櫃拼組成一個倒「匚」字型為主體，中央放入一座黑色展示櫃，彷彿是由大櫃子抽出的小櫃子，將視線向左延伸到一旁的液晶電視，滿足收納和展示需求，並創造視覺形象上的速度感。

圖片提供 懷特設計

[色彩] 黑白配色打造中性時尚感，切合男主人個性，也呼應電視機顏色，讓立面色彩更為一致。

[尺寸] 櫃體深度為30公分，總計高度180公分、寬度100公分，在天和地之間，刻意留下些許空間，營造出輕盈視感。

[設計] 以系統櫃為主題藏起凌亂雜物，內設活動層板可靈活調整；小型展示櫃不僅能擺放汽車模型，也供影音設備收納。

幾何分割櫃體線條為空間注入藝術性

設計師希望打破過往大家對系統櫃呆板的印象，因此以荷蘭藝術家蒙德里安的經典幾何畫作為靈感，巧思運用系統櫃創造空間的藝術性，這些大小不一的方格、顏色及線條，經過縝密計算在空間產生和諧的韻律感。

圖片提供 CONCEPT 北歐建築．系統櫃廠商 ed HOUSE 機能櫥櫃

［設計］空間以白色系統櫃為主色調，僅在部分幾何方塊中填入飽和的顏色，在色彩的點綴下提升空間的活潑感。

［設計］整個公共空間以系統櫃規劃充足的收納，電視也巧妙的融入牆面創意之中，系統櫃成為表現藝術的元素。

［設計］不美化系統櫃及房門邊框，反而刻意以黑線勾勒其水平和垂直線條，讓系統櫃及房門巧妙的隱藏在線條中。

搭配多元材質 提升空間質感

空間想要兼具功能及質感還要考量到預算，因此主要牆面以木作搭配系統櫃的方式，互補各自的優缺點平衡空間調性；電視牆以木紋顯明的木皮展現自然溫潤的氛圍，收納部分就以系統櫃來統合，周圍再以鏡面材質搭配襯托，提升整體空間質感而不會過於單調。

圖片提供 Z軸空間設計

[設計] 系統櫃採不落地的懸吊設計，下方再以間接燈讓灰色櫃體不顯沉重。

[設計] 餐廳區兼具書房功能，利用系統櫃依照指定尺寸快速架構出 2 種收納結合的書櫃。

[設計] 選擇沉穩的暖灰色系統門板與天然木紋相搭，表現出具有現代的休閒風格。

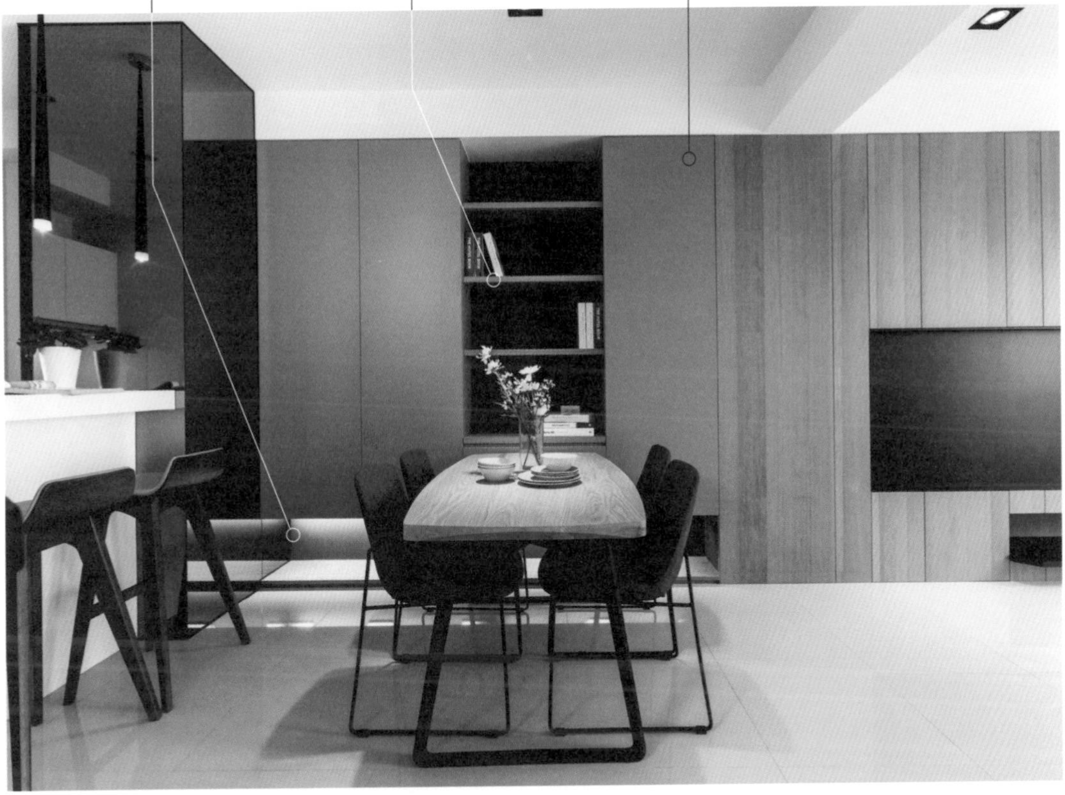

圖片提供 [illegible]

圖片提供 上陽設計

風格

為提升空間效率，以系統傢具來解決空間收納需求是不少人的首選標的，但這種如積木堆疊的空間利用法，最受人詬病的問題莫過於制式化、難以創造風格感。為了讓系統櫃可以更廣泛被應用，不只廠商積極研發各種不同風格配件，設計師們也多方嘗試在系統板材上注入更多風格語彙，進而顛覆一般人對系統櫃千篇一律的刻板印象，從而增加空間的風格魅力。

圖片提供 上陽設計

STYLE 2

古典鄉村風

復古造型門板，最能傳達古典鄉村風

為打造出復古又具自然感的古典鄉村風氛圍，最重要的就是櫃體門片與天花、壁面的裝飾線板。系統傢具公司多已有現成古典造型或鄉村風門片可供選擇，客戶可直接選用廠商所提供的造型門板，讓牆櫃的立面成為古典鄉村風的最佳代言者。

在餐櫃的中間利用磁磚拼貼裝飾壁面來增加風格感，而石材檯面的搭配也可提升尊貴質感。

在系統傢具的桶身外，運用鄉村風的陶烤板門片來裝飾櫃體門面，搭配局部木作避免刻板化，展現生動高雅的鄉村風格。

圖片提供 賀澤室內裝修設計工程有限公司

私密空間可選配系統傢具公司現成的鄉村風門板，既滿足收納機能也符合風格需求，搭配古銅色五金更顯優雅。

清新暖黃的簡單牆面色彩最能映襯白色鄉村風系統櫥櫃，同時也可增加室內溫暖氛圍。

在臨窗處先以鄉村風系統板材做成矮櫃，但桌面因長度超過240公分，加上厚度考量則搭配實木板設計。

圖片提供 賀澤室內裝修設計工程有限公司

PLUS

風格再加碼

做好天地壁
風格更到位

地坪	壁面	天花
Idea 1 復古磚地坪是古典風與鄉村風最佳搭檔，讓系統傢具增色不少。 **Idea 2** 古典或鄉村風少不了地毯配件，鄉村風偏重自然材質，如籐編、棉等，古典風則以尊貴的復古圖騰與華麗色調為主。	**Idea 1** 選定裝飾主牆，透過跳脱平面感的岩片石材或文化石磚等做表面裝飾，可增加粗獷自然感。 **Idea 2** 格狀或小花款的自然系壁紙跟古典風或鄉村風都很對味。	**Idea 1** 以實木條裝飾天花板增加自然元素，讓鄉村風更豐富；而天花線板則是古典風的基本語彙。 **Idea 2** 森林系吊燈如獸角造型燈、花苞燈等讓鄉村風更靈活，或挑選水晶吊燈為天花板增加華美感。

圖片提供 大晴設計有限公司

圖片提供 上陽設計、原晨設計

圖片提供 達譽設計、PartiDesign Studio 曾建豪建築師事務所

系統櫃配木作門板
創造典雅鄉村風

公共區域採開放設計，打開居家寬敞視野。將電視牆結合書桌機能以壁爐框飾造型，在客廳與書房間形成區域界定；書房收納櫃同時也是空間的背景，以系統板構築櫃體結構，表面裝飾上木作的陶瓷烤漆門板，典雅的線板元素呼應天花造型，配色講究清爽宜人的鄉村白色調，搭配戶外日光美景，呈現舒適、寫意的生活畫面。

圖片提供 達譽設計

[設計]雅典型羅馬柱造型線板，點出鄉村風格的細緻和優雅，搭配復古圓形把手，完整視覺風格。

[材質]厚實的木檯面分隔上下櫃體，在一片淨白配色中，注入樸實暖意。

[尺寸] 櫃體總寬度為360公分，下方櫥櫃高度90公分、深度48公分；上方書櫃高度則有125公分，深度略減為37公分。

[設計]下櫃採取隱蔽手法藏起居家雜物和小孩物品，加入一部分開放設計，滿足不同使用需求。

[設計]玻璃門片兼具展示和防塵效果，層板可自由調整，增添收納的靈活性。

內斂櫥櫃融合鄉村風與現代風語彙

雖欲對居家進行重新裝修，卻不希望賦予空間太濃厚的裝潢味，拆除原有天花打造開闊空間感受，畫面適度留白，配上溫煦大地色彩，強調出生活應有的怡然與自適。壁面一座懸浮收納櫃，滿足客餐廳置物需求，簡約線條結構覆蓋溝縫門板，保留鄉村的溫馨氣氛，融入現代風格明快個性，隨著屋主的擺飾調整，為居家佈置帶來更多想像空間。

圖片提供 達譽設計

[設計] 局部鏤空檯面可做一端景擺飾，亦設備插座，供小家電使用，提升收納的變化性和靈活性。

[材質] 木紋系統板結構勾勒櫃體框架，襯托純淨的白色門片，更顯溫暖雅緻。

[設計] 簡單的直條狀溝縫面板，帶有淡淡鄉村氣息，也能適應現代空間搭配，造型宜古宜今且好清潔。

[設計] 把櫃體抬高懸在壁上，減輕它的重量感，下方空間則便於擺放掃地機等家電用品。

美式餐櫃
豐富廚房機能與風格

以系統傢具結合木工而構成的中島餐廚空間，選擇以陶烤板的古典門片來表現整體視覺設計，搭配玻璃格子門讓量體頗巨的牆櫃輕量化且具變化性，同時櫃體內的餐具也可作展示。而在櫥櫃中間設有石材檯面的展示台，並於展示台後方牆面改貼磁磚，更能到位地表現出鄉村風格的質感。

[設計] 以木工在系統櫃與天花板處加工做出線板與轉折收邊，將鄉村風格細節完整傳達。

[材質] 熱壓成型的陶烤板表現鄉村風造型，雖較系統門板貴些，但質感較佳。

[材質] 藉由古銅色五金門把讓風格細膩地延伸至觸感，具有畫龍點睛的效果。

[材質] 美式鄉村風格的中島吧檯木質餐桌椅，與白色系統樹櫃相呼應，讓風格優雅地躍然眼前。

[材質] 地板選擇以仿石紋磁磚襯底，並選擇與壁磚呼應的色調，成功提升整體空間的質感與風格。

圖片提供 賀澤室內裝修設計工程有限公司

充滿白色柔情的鄉村情調

以白色系、鄉村風作為廚房主調性，為了塑造這樣的感覺，門片以帶線板樣式為主，同時搭配帶點圓弧造型把手，共同加深了系統傢具在風格上的形塑。系統傢具能依環境、牆面特性做調整變化，更適應空間之外，也打破制式的框架。

圖片提供　IKEA

［材質］廚具檯面以木材質為主，藉由木質感讓純白鄉村調性更具柔軟度和溫潤感。

［設計］吊櫃表現不因牆面轉角而打折，帶點折角的變化充分利用空間之餘，也突顯系統傢具彈性的一面。

［設計］配置在廚房的系統傢具，可結合電器櫃做全新規劃，事先告知電器尺寸，便能塑造出合宜的設計樣式。

［材質］五金把手部分也特別選擇白色，從小細節到大方向，讓整體更為一致性。

造型面板修飾廚具，主導空間風格走向

廚房規劃強調機能導向，廚具整合冰箱和電器櫃收納，採一字型規劃。整體以白色基調進行統合，白色檯面、白色立體線板門片，配上復古金屬把手，烘托溫馨明亮的鄉村風情。與餐廳之間，利用四道玻璃門片阻隔油煙、打造雙向動線，視線卻無所遮蔽，把油煙機、洗碗機位置透過門板加以掩飾，維持畫面美觀。最後於背景施以清爽的綠色，以及復古花磚鋪設地坪，形塑外部空間透視廚房的精緻風景，瀰漫出不假造作的田園氣息。

圖片提供 原晨設計

[材質] 透過白色木紋壓花門片修飾風格，加強鄉村風格溫馨、雅緻印象，襯著鮮明的綠色主牆，為空間注入一絲沁涼。

[尺寸] 廚具檯面高度 85 公分，寬度 247 公分；吊櫃高度為 65 公分，深度 35 公分，與檯面相距 70 公分。

[設計] 藉由櫃體門板掩飾油煙機位置，連同洗碗機面板也特地改以線版覆蓋，統合視覺，維持空間一致調性。

[尺寸] 電器櫃高度 220 公分、寬度 160 公分（含冰箱），和廚具統一深度為 60 公分。

[設計] 調整兩側水槽和爐具的位置盡量靠向廚檯邊緣，留下中央的大片腹地利於屋主一次擺滿食材和果汁機等小家電，同時處理多項料理，更有效率。

線板系統衣櫃帶出風格的精神主軸

臥房內的衣櫃為系統櫃體，特別在木片的選擇上，不但以沉穩的深色系為主，更結合不過於繁複的線板造型門片，不但成功帶出鄉村風的精神主軸，也營造出視覺的層次感。而櫃體內部收納以吊掛形式為主，既能方便使用也能讓衣物在擺放上輕鬆又有條理。

圖片提供 IKEA

［材質］把手部分利用五金製作成外顯形式，方便開啟之餘，又再次增加櫃體的立體度。

［設計］為了能突顯門片的細部特色，特別在櫃體上方使用了投射燈，藉由光影帶出另一種美感。

［設計］單純的黑色系，創造出有別於傳統的鄉村風味道，也讓空間更具穩重性。

以經典風格語彙，打造鄉村悠閒情調

鄉村空間在櫃體的造型上需格外講究，以符合整體空間風格。首先門片選用線板造型，利用鄉村風經典語彙打造融於空間的櫃體，顏色則以灰藍色，注入鄉村風的閒適調性，就連抽風機也統一色調，讓整個廚櫃立面更具整體性。

圖片提供 上陽設計 SunIDEA

［尺寸］系統櫃高為 150 公分，吊櫃僅有約 45 公分。

［材質］門片為橡木實木板，輔以線板造型，打造鄉村調性。

［設計］刻意不做踢腳板，方便清潔，避免藏污納垢。

［設計］靠牆位置不便於抽拉，因此安排高櫃搭配內部層板，收納充足也更好用。

門片樣式塑造黑色鄉村新感受

鄉村風的廚房空間，運用黑色系系統廚櫃設備來打造，門片樣式不只帶有鄉村精神，獨特的線板設計與五金配件，在在襯托出濃厚的鄉村細節。壁面以白色大口磚鋪陳，而地坪則是將木地板以人字拼法呈現，平衡深色調性也增加空間的暖度。

圖片提供 IKEA

[設計] 整體較為深色冷冽，因此在地板、中島檯面都注入了木元素，作為空間暖度的平衡。

[設計] 系統櫃體有吊櫃與立櫃形式，甚至還有結合中島而成的設計，讓系統櫃變得更多元。

[材質] 櫃體的門片有的是實面有的則是加入玻璃材質，除了創造變化之外，也利於收納時存放的方便性。

展現鄉村風的悠適生活感

將室內設計元素延續至室外，利用鄉村風線板打造大型收納櫃，中段鏤空設計方便放置東西，同時設置洗手槽，可供在戶外下午茶或者整理庭園時使用，為維持一致性，大型鞋櫃沿用鄉村風元素，順勢與收納櫃串連，形成一道優雅、美麗的立面。

圖片提供 築夢室內設計

［材質］門片採用線板造型，強調鄉村風元素。

［材質］櫃體為防水塑膠材質，避免因放置在戶外容易腐壞。

［設計］鞋櫃上方採封閉式收納，下方為層板收納，方便擺放較常穿脫的鞋子。

STYLE 3

工業風

裝酷耍冷的工業風表情

隨著居家品味的多元與年輕化，有個性又不做作的工業風設計大獲矚目，成為時尚潮流的一時之選。目前已有系統板材廠商因應潮流推出工業風常見水泥板系統門片，讓工業風愛好者也能輕鬆打造風格。此外，系統五金配件加上其它工業風建材的創意運用，也成了工業風常見設計手法。

在櫃體上方與天花板交接區拼接一片甘蔗板，除以建材強化工業風，接近木質的色塊也成功銜接木櫃與天花板。

浪板屬於廠房建造時常見的工業建材，特別是漆上鮮豔黃色的浪板彰顯線條感，也強調出工業風。

圖片提供 法蘭德室內設計

將水泥牆當畫布般彩繪作畫，除了秀出屋主個人風格，也反映美式街頭塗鴉的工業風設計語彙。

為了突顯工業風格，在系統櫃桶身外面的門板特別以仿舊漆搭配格子窗造型，營造冷調、復古質感。

圖片提供 法蘭德室內設計

床頭水泥牆面特別裝飾有清水模的造型孔，增加建築工法的結構感，並展現出工業風精神。

由於主臥室可全面敞開，為保持整齊感特別將系統櫥櫃規劃的更衣間外加設黑鐵格子拉門，兼顧了風格與機能。

圖片提供 法蘭德室內設計

PLUS

風格再加碼

做好天地壁 風格更到位

地坪

Idea 1
工業風木地板在紋理選擇上以粗放明顯者為佳，突顯出粗獷空間感。

Idea 2
喜歡酷酷工業風可嘗試原始材料如水泥粉、磐多磨來鋪設出工業感地板。

圖片提供 緯傑設計

壁面

Idea 1
拉門採用仿造倉庫大門的米字形軌道拉門，這也是常見工業風圖騰。

Idea 2
仿造工廠貨架的開放鐵件層板架設計，讓乏味的牆面秀出工業風。

攝影 Yvonne、蔡宗昇

天花

Idea 1
甘蔗板或浪板等工業建材，被轉化應用為工業風的天花板裝飾面材。

Idea 2
天花板可利用復古款的軌道燈或工業電扇等機能設備，妝點出到位風格。

攝影 Yvonne

冷冽銀灰演繹另類工業風格

系統傢具可藉由材質來塑造風格感，這個廚房空間便是利用不鏽鋼門片材質來形塑，冷冽銀灰材質帶出更為剛性的工業調性外，也突顯材質的簡潔味道。不鏽鋼材質利於清潔維護，配置在廚房空間裡也很適宜。

圖片提供 IKEA

［設計］上方吊櫃使用的是層架形式，便於使用者一目了然進行收納之外，使用上也更方便。

［設計］面對小坪數空間，也試圖沿牆找尋置入機能，在牆面結合吊桿充分地增加收納量，也藉由餐具來妝點，讓空間更具生活感。

［材質］用於廚房的系統傢具，門片以不鏽鋼材質為主選，塑造工業感之外也利於日後的維護與清潔。

融入風格元素，打造小宅工業風

天花收整齊保留部分管線表現隨興感，書報架取代屏風、隔牆，既實用又具創意，最能展現生活感。沿牆規劃高寬240×240公分的大型衣櫃收進大量衣物，櫃體表面採用加州橡木貼皮形塑粗獷質感。沒有斑駁牆面或厚重的工業感，在保留基本風格的前提下淡化太過濃烈的元素，藉此打造更適合小坪數的輕工業風。

圖片提供 耀昀創意設計

［設計］天花水管線收齊漆上白色，乾淨整齊之餘又有點不拘小節的隨興。

［材質］鏤空書報架透光良好，不影響採光，金屬質感也符合工業風元素。

［材質］加州橡木門片觸感粗糙，搭配金屬手把，展現粗獷手感。

系統傢具搭配個性主牆創造層次感

利用略長的格局將床尾規劃為走入式更衣室與化妝區，因考量電視牆設計，以及避免因更衣室設計而讓空間變狹隘的雙重需求下，決定用木作牆搭配左右玻璃、染黑木框門的做法，將功能性的系統櫥櫃若隱若現地隱藏在個性主牆背後。

圖片提供 法蘭德室內設計

[設計] 更衣室內依照屋主個人需求，配置了開放吊櫃與各式五金，讓收納更容易分門別類。

[設計] 木作電視牆遮住更衣室主視覺，讓內部較凌亂的畫面被轉移或完全遮蔽。

[材質] 灰色玻璃與染黑木框架的拉門，隱約穿透的特性可避免空間被截斷感，是系統櫥櫃常見的設計手法。

[材質] 深色木皮與床頭的黑色皮革形成色調的呼應，與淺色木地板也映襯出層次感。

粗獷木紋與鐵件 點亮工業風廚房

系統傢具與酷酷的工業風如何融合搭配呢？由於工業風設計強調原始裸色與低度裝飾，因此在廚房選擇明顯紋理的粗獷原木櫃門，藉以映襯裸色水泥牆、地坪與天花板的質感，傳達出樸質、實用的風格精神，而白色吊櫃則使櫃體輕量化、且調整空間明度，搭配層板鐵架等硬派風格的收納單品與工業吊燈，可讓工業風更加傳神。

圖片提供 法蘭德室內設計

[材質] 白色吊櫃與人造石檯面對於溫暖木皮色調與冰冷水泥色具有調和作用。

[設計] 木槲櫃門上採用上嵌式造型把手，俐落設計與金屬色澤增添現代工業感。

[設計] 目前系統傢具專屬於工業風的物件較少，不妨另外添購傢飾品來突顯風格，如漆色鐵椅、工業吊燈、金屬色冰箱等。

加入鐵件、車輪結構，系統櫃也能融合loft風

餐廚之間以系統板材與鐵件打造出簡易吧檯、雜物櫃兼電器櫃。吧檯開設兩側不同開口，一邊面向餐廳、一邊面向廚房，各自擁有35公分的深度可供放置杯子以及調味料，擴充廚房的收納性。右邊的電器高櫃則是採取開放層架的概念，亦可搭配木箱讓雜物收得更整齊俐落。

圖片提供 珞石室內裝修有限公司

［設計］除了搭配鐵件作為櫃體結構，吧檯底部還增加車輪設計，讓空間的每一個細節都符合loft風格。

［設計］電器櫃最上層將空調設備納入規劃，整體看似不經意排列，巧妙融為一體。

［尺寸］電器櫃的每一層深度因應設備的不同略有深淺差異，讓上、下層電器在使用過程不會互相干擾。

多功能收納櫥櫃 讓家更乾淨明亮

原始作為出租型態的空間重新規劃為小家庭的使用結構，將廚房配置在毗鄰後陽台的動線流暢自然。以輕工業風打造的風格延伸至廚房領域，選用深藍色廚具面板，與水泥粉光地壁更為融合協調；由廚具衍生的高櫃，適合收納大型鍋具，並採用上掀、下掀開啟方式，使用上更輕鬆便利，冰箱旁則是未來放置紅酒櫃的地方。

圖片提供 緯傑設計

[費用] 櫃體總價約 NT.135,000 元

[尺寸] 以結晶鋼烤貼覆的系統板材，電器櫃部分的分割高度控制在 120 ～ 150 公分以內，避免造成鋼烤面翹曲不平整。

[材質] 結晶鋼烤面板具有鏡面反射效果，即便是深色系也不會感到壓迫，同時也比較好整理清潔。

暖心的冷面鐵網櫃成為風格主軸

為了配合整體空間的工業風格，在餐廳就以牆櫃作為風格表現主軸。首先選擇木紋板材，根據需求以系統組裝做出桶身，再搭配黑鐵網門片，大面積的鐵網櫃可強化剛性印象；另外，與餐桌串連的中島櫃則以仿舊色調企口板底座搭配不鏽鋼桌面，不僅與鐵網系統櫃在材質上互相呼應，同時交織出工業風的冷冽機能感。

圖片提供 法蘭德室內設計

［材質］牆櫃選配鏤空的鐵網門板可避免樹櫃量體大且色調沉重，形成壓迫感。

［材質］鐵網內部的櫃體桶身特別選擇清晰木紋的板材，讓冰冷感的鐵櫃內更有溫度。

［設計］搭配軌道燈的照射讓鐵網櫃更出色，同時軌道燈本身也是風格語彙之一。

［設計］中島底座的企口板特別以仿舊漆色設計，讓風格更寫實傳神。

鐵件框架，系統櫃也能打造工業風

屋主擁有眾多書籍，對於空間風格則期盼能以loft工業風格作為主軸，於是設計師將客廳後方規劃為半開放式書房，並利用具有鋸痕、紋理清晰的粗獷木紋系統板材，搭配工業風不可或缺的鐵件作為書櫃的框架，不僅扭轉系統家具的制式感，也提升櫃體的質感。

圖片提供 苑茂室內設計工作室

[色彩] 考量木頭比例較高，為了降低壓迫性，選用冷色調藍色作為書櫃背景色，拉出對比層次，視覺上也更跳脫。

[尺寸] 櫃體以寬300公分、高260公分做開放式設計，搭配抽屜設計，增加機能更避免凌亂。

[費用] 系統櫃板材NT.85,000元、鐵件NT.55,000元

STYLE 2

現代風

系統傢具演繹 現代風最對味

系統櫃門拼接黑鏡做出裝飾性線條，既可呼應輕奢華感，亦隱約映襯出空間景深。

入口玄關安排木皮系統櫃設計，讓走道旁大容量的收納櫥櫃轉化為美麗的端景牆。

圖片提供 法蘭德室內設計

對於以機能導向的系統傢具來說，或許「風格」並非其強項，但若就現代風格的表現，系統傢具稱得上可圈可點。除了有色彩豐富的板材，還可變換木紋、鏡面等多元材質，呈現設計俐落感。線條設計上，雖無法達到木工的隨心所欲，但仍可做出L角、斜切角或圓形等幾何變化，已可滿足多數現代設計的簡約需求。

利用系統桶身架構出櫥櫃的機能，並精密地丈量電器設備尺寸，使櫃體與電器無縫接軌，展現出高機能美的系統廚房。

中島吧檯內部同樣採用系統櫥櫃做設計，但立面外觀改以鏡面玻璃包覆，使吧檯不只能料理，還擁有華美優雅的身影。

圖片提供 賀澤室內裝修設計工程有限公司

PLUS

風格再加碼

做好天地壁 風格更到位

地坪

Idea 1
現代風地板宜作淡化設計，突顯光潔簡約感，如素色石英磚或淡雅石材。

Idea 2
喜歡木地板材質者可挑選米白色或碳灰調，搭配現代風系統傢具更見輕快美感。

圖片提供 原晨設計、思維設計

壁面

Idea 1
喜歡尖端科技感的現代風，可選擇亮面、鏡面或烤漆面的板材來裝飾櫃門。

Idea 2
偏好自然現代風的設計，可運用木質紋理或霧面感的板材，讓系統傢具更有溫度。

圖片提供 Z 軸空間設計、法蘭德室內設計

天花

Idea 1
為增加層次感，除主燈外，可搭配筒燈、嵌燈或間接光源來增加光影變化。

Idea 2
天花板與櫃身的縫隙處理是關鍵的細節，若櫃高超過 240 公分者須考慮請木工做接續修飾。

圖片提供 耀昀創意設計、達譽設計

收拾繁瑣機能，僅留簡約美感

在明快光感的開放客餐廳內，選擇以經典的黑白配色來呈現現代風設計，為了呈現簡約而俐落的線條，將繁瑣的收納機能收拾在白色系統傢具櫃內，搭配適度的牆面留白展現出比例美感。另外，纖細的鐵件屏風與玄關櫃形成虛實的對比，也讓畫面呈現設計趣味。

圖片提供 頑渼空間設計

[色彩] 單純的空間配色，讓現代造型的燈飾與傢具成為風格的主角。

[色彩] 黑與白的經典配色，最能傳達現代都會美學的風格表現。

[材質] 鐵件玻璃屏風讓客廳的光線不受阻擋地直驅入內，搭配白色門櫃設計，讓玄關區也明亮。

[材質] 低反光的白色板材作為櫃門設計，更能襯托素色傢具的質感。

[材質] 在玄關櫥櫃區捨棄多餘的曲線，只以夾在櫃體間的黑鏡來變化造型，同時也滿足穿衣鏡的需求。

讓櫃體在實用功能外也區分空間

雖然居住成員簡單，但希望小空間有更寬敞明亮的生活場域，於是移除一間臥房，重新定義餐廳和廚房的功能，利用耐用度高的系統櫃創造出廚房電器櫃，同時另一側也設計放鬆休憩的臥榻，讓整個區域成為一個能夠聊天、用餐及工作的空間。

圖片提供 Z軸空間設計

[設計] 重新規劃的空間，不但是廚房、餐廳也兼具書房的功能，由於空間不大，餐桌後方設計懸吊櫃，讓小空間顯得輕盈。

[設計] 在臥榻上方擺放軟墊就能柔化系統櫃的生硬感。

[設計] 移除多餘的房間後，利用系統櫃增設電器收納位置，結晶鋼烤面板的系統櫃適合運用在需要常清理的廚房，櫃體也將空間簡單定義出 2 個區域。

系統櫃結合木作展現極簡現代線條

坪數不大的小空間，設計師希望在有限預算下仍能創造出空間的獨特性，電視主牆採用水泥粉光呈現帶點粗獷的現代風，鄰近的櫃子利用系統櫃結合木作發揮創意，不但呼應整體空間的風格，也使系統櫃在個性化的空間裡不會過於突兀。

[設計] 設計師刻意在平整的系統櫃中穿插木作櫃設計，歪斜的門片有如跌倒的櫃子，不僅創造出空間的趣味感，也讓系統櫃在空間中不會過於呆板。

[設計] 系統櫃部分事先在工廠裁切製作，到現場組裝後再施作木作部分，大幅節省施工時間。

[設計] 為了擁有足夠的收納空間，因此讓櫃體採懸吊設計，減輕大型量體帶來的壓迫感。

圖片提供 Z軸空間設計

收斂線條，展現極簡美感收納

為滿足屋主需求，將長達5米7的牆面規劃成一字型排開的收納櫃牆，客廳區域以上櫃、開放式收納並結合電視牆做規劃，形成一面完美又具收納機能的電視主牆，接著再以四個高櫃強化機能，滿足屋主收納需求；櫃體統一以白色為基調，利用內凹把手收整線條，以此展現櫃體極簡、優雅樣貌。

圖片提供 沐澄設計

[設計] 刻意將凹槽噴黑，形成有如裝飾櫃體的設計。

[材質] 門片選用灰色玻璃，讓使用者不需打開櫃門，便可搖控擴大機等電器。

[設計] 開放式收納規劃，變化櫃體造型，也滿足屋主擺放紀念品需求。

[材質] 門片採用鋼刷木染白，打造簡潔造型，又能保留木紋紋理手感。

俐落整齊線條 表現理性空間感

現代風講求嚴謹的水平及垂直線條，規格化的系統櫃能精準地表現分割比例，正是展演現代風格的最佳素材，空間以具有現代感的休閒風為走向，運用系統櫃做為整體收納，餐廳區域配合收納及使用需求，分割整個櫃體的功能做出高低矮櫃的變化。

圖片提供 CONCEPT 北歐建築．系統櫃廠商 ed HOUSE 機能櫥櫃

[材質] 採用透明玻璃作為書房隔間，可以看到同樣以系統櫃打造的懸吊櫃體，營造出輕盈的視覺效果。

[色彩] 系統櫃以純淨的白色作為主色大面積使用，呼應地面拋光磚材色感，創造出明亮潔淨的空間感。

[設計] 利用系統櫃設計不同形式的收納組合，隱閉式收納中留出開放式的置物平檯，方便置放用餐時所需的電器設備或用具。

鞋櫃對稱平衡畫面，展示櫃延伸做端景

現代風格客廳採取「減法」進行空間的收納設計，清水模的電視牆前，放上簡單的木層架充當電視櫃，再配合橫樑厚度規劃兩座白木紋系統鞋櫃，打造悠閒自然的生活場景。為避免兩座鞋櫃的方正造型過於單板，插入一座深灰色的木作烤漆展示櫃將它們隔開，賦予居家收納機能，與此同時，櫃體正對餐桌亦是一面端景牆，成功地透過櫃體的裝修連結空間的互動關係。

圖片提供 思維設計 Thinking Design

［材質］系統櫃木紋板和居家木素材相互映襯，豐富質感層次；白色和深灰，對比鮮明跳色。

［設計］門板鏤空做平面把手，符合空間的俐落個性，兼具鞋櫃透氣功能。

［設計］系統櫃簡單素淨，強調收納；展示櫃著重裝飾，拿掉背版打破傳統櫃體型態。

［設計］把隱蔽式的大鞋櫃拆開，分散量體的厚重；對稱排列，維持畫面的平衡。

黑×白，相互映襯出洗鍊的現代風

簡潔、俐落是現代風格中重要的精神所在，為了營造這種感覺，以黑色作為牆面色系，而系統櫃體則以白色系為主，相互映襯出洗鍊又簡潔的現代味道。櫃又因使用與位置差異，做了不同樣式選擇，上方是掀蓋門片式，下方則是抽屜式，符合人體工學使用上也更為便利。

圖片提供 IKEA

[設計] 下方櫃體結合電視設備的相關收納，因此除了抽屜形式之外還有鏤空的收納方式，讓收納更輕鬆、貼近人性。

[設計] 吊櫃門片以掀蓋門片形式為主，門片上不再加任何把手設計，讓視覺更為乾淨外，也加深現代風格的味道。

簡單創意創造櫃體當代設計感

臥房主要希望營造寧靜的休憩氛圍，因此空間以黑白灰中性色調鋪陳，加上木質地板平衡空間冰冷調性，系統櫃採用單一白色打造平整俐落的立面，並在衣櫃把手細節上做出巧思趣味變化，呼應同樣以線條勾勒的門片設計。

圖片提供 CONCEPT 北歐建築．系統櫃廠商 ed HOUSE 機能櫥櫃

[設計] 利用不同長短鐵件作為衣櫃把手，刻意錯開高低位置讓線條形成活潑律動，為單調的系統櫃創造出趣味的節奏。

[尺寸] 在固定寬度尺寸內抓出合適的衣櫃比例，高至天花的設計讓櫃體形成一個完整牆面。

[色彩] 以灰色牆面為基底搭配純白色系統板材，成功營造簡約的現代風格。

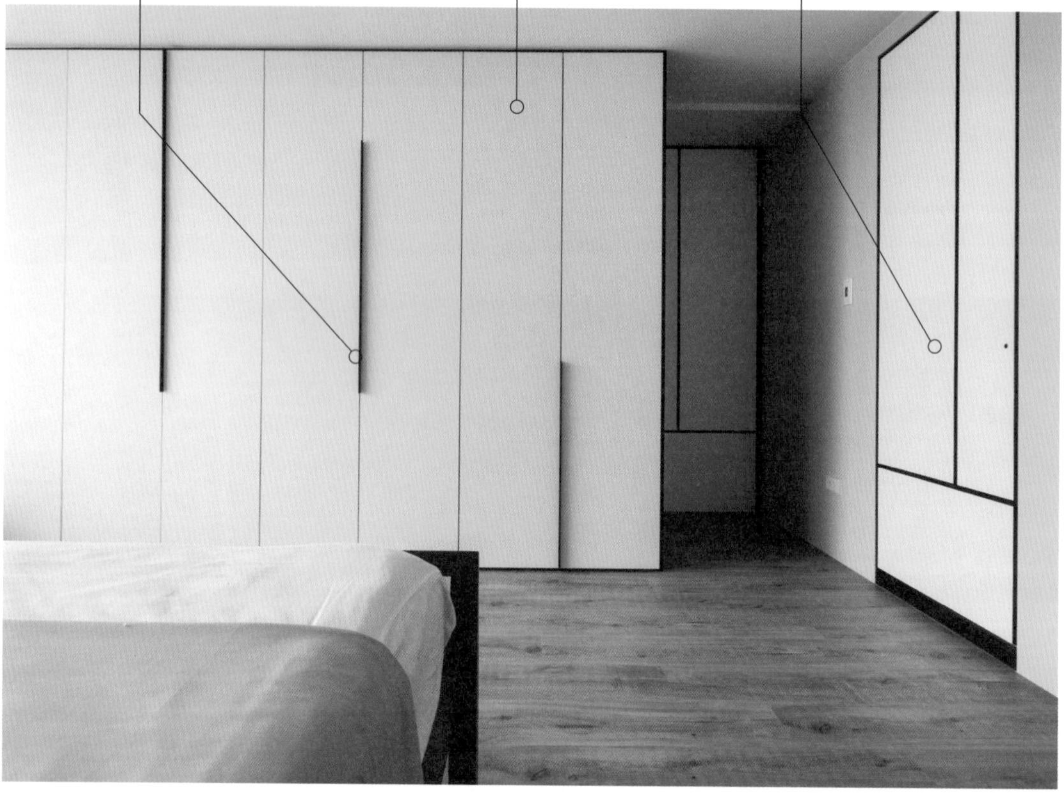

結合木作，型塑有型現代空間

開放空間裡，收納除了實際功能也需融入空間風格，因此設計師將收納安排在客廳與餐廳中介區域，可保留主空間的開闊，又便於客餐廳兩個區域做收納，大量櫃體易淪為呆板，於是利用比例變化與層板搭配，改變單調櫃體樣貌，呈現簡約俐落的現代感。

圖片提供 沅境室內裝修設計有限公司

[材質] 門片採用白色霧面美耐板。

[設計] 以木作做出十字軸增加細節設計。

[設計] 選用亮面層板與霧面櫃體門片做對比，豐富視覺效果。

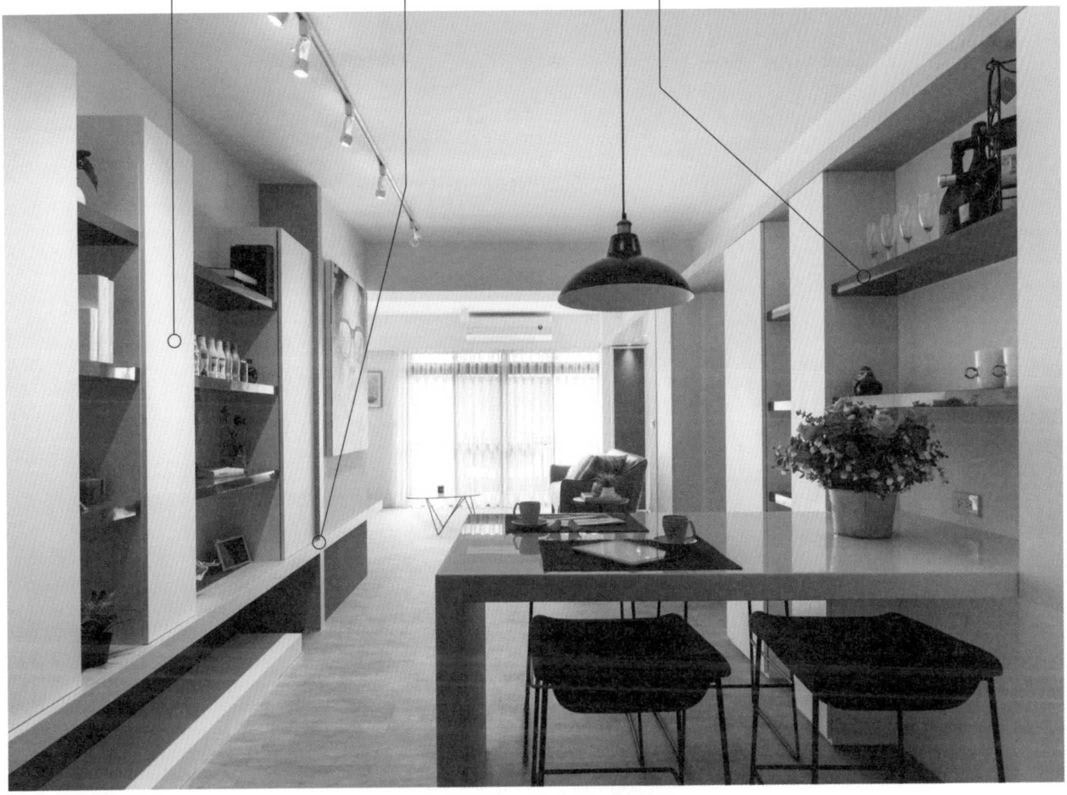

圖片提供_伸保木業

圖片提供_伸保木業

附錄

系統傢具廠商

設計師

附錄 1

系統傢具的拆裝

有別於木作固定在空間無法移動，可隨時因為換屋而進行拆卸、移動是系統傢具的優點之一，由於可拆裝讓原本的系統傢具因此得以重新再做利用，不只符合環保概念，也可藉此節省些許裝潢費用。不過拆裝動作屬專業工程，且勿自行拆卸，應尋找專業又有信譽的系統傢具廠商或室內設計師進行，與此同時也可請他們進行安裝作業。拆卸過程中難免會有損毀，若櫃體無法再重複使用，可注意原始系統板材是否可繼續衍用，若能留下再利用也不失為節省預算的一種方式。

圖片提供 思維設計 Thinking Design

拆裝流程

1 **尋找廠商** 可尋找有信譽的廠商或設計師進行拆卸組裝，一般有門市設點的系統傢具廠商，多有此項服務，可先行詢問價格，若已找設計師進行新家裝潢，通常設計師也能協助舊有系統傢具拆裝作業，可先行向設計師詢問。

2 **丈量尺寸** 需先行丈量系統傢具尺寸，以進行拆裝與安裝估價動作，與此同時也應對新空間做尺寸丈量，以確認拆下來的系統傢具是否適用。

3 **拆裝** 工人抵達現場後即開始進行拆卸工程。

4 **安裝與修飾** 將拆卸下來的系統傢具進行安裝，並做修補及收邊等修飾。

拆裝注意事項

圖片提供 緯傑設計

Point 1

若安裝至新空間不適用，後續需做更改設計等動作產生修改費用，應先詢問廠商或設計師如何計價。

Point 2

拆裝過程中，板材容易受損，建議拆裝動作不宜超過 3 次。

Point 3

雖説並不一定要找原來安裝的系統傢具廠商，但拆裝後再安裝，通常一定需要再做修補，若是相同廠商，較能確保可使用相同材料做修補，看起來會比較美觀。

Point 4

雖説可重複再使用，但若拆裝費過高，便不符合節省目的，建議事前最好審慎評估。

價格怎麼算

一般常見以櫃體計或尺寸計價，但各廠商價格不一，建議還是應向廠商詢問清楚計價方式，再行確認最後拆裝總價是否如預期。

拆卸費用

以高櫃、矮、吊櫃計價：
高櫃拆裝費用：一尺約 NT.450 ～ 550 元
矮、吊櫃拆裝費用：一尺約 NT.350 ～ 400 元
以尺寸計價：1 公分 NT.15 元

安裝費用

以高櫃、矮、吊櫃計價：
高櫃拆裝費用：一尺約 NT.450 ～ 550 元
矮、吊櫃拆裝費用： 一尺約 NT.350 ～ 400 元
以尺寸計價：1 公分 NT.15 元

其餘費用 計算一般常見以櫃體計或尺寸計價，但重新設計會產生修改費用，依廠商或設計師而有所落差。由於可能與空間不符，而需增加材料修補修飾，所以也會產生補料費用。

搬運費 以一般小家庭粗略估計，約需 2 車左右。最少一小車約 1.5 噸，運費約 NT.1,500 元（除新北市外，其他地區運費需另行詢價）

附錄 2

設計師

設計總監 任依仁、張庭熙

大晴設計有限公司

出身建築背景的大晴設計，擅長檢討規劃空間格局與使用者的人體工學，並利用「錯覺」、「材料特性」及「色彩」來調整空間感受，最重要的，重視材料本身「可以觸摸到的手感」，當閉上眼睛用手輕撫你的家，會是一趟充滿變化且細緻的遊歷過程。大晴不受限於任何既定的風格，強調整體感受和協搭配，建立空間的獨特性。

地 址 台北市松山區南京東路四段 53 巷 10 弄 21 號
電 話 02-87128911#110
MAIL cleardesigntw@gmail.com
網 址 www.cleardesigntw.com/
臉 書 www.facebook.com/cleardesigntw

設計總監 留郁琪

CONCEPT 北歐建築

簡單、隨性、不追求富麗堂皇的設計，不論是建築或是居家空間，北歐人的住宅，總能讓人從根源處感受到貼近自然、人性、質樸的美好。北歐的居家設計，有許多經典、歷久不衰的作品，有追根究底的體貼設計，有富含生命力的色彩運用。CONCEPT 北歐建築期許能打造最適合台灣的北歐概念室內空間。

地 址 台北市大安區安和路二段 32 巷 19 號
電 話 02- 2784-8889
MAIL service@twcreative.net
網 址 http://www.dna-concept.com/

李世雄．石惠君

上陽設計

上陽設計崇尚人本主義，秉持真、善、美的初衷，以改良綠能環境，創造舒適安全又健康美麗的人文格調為宗旨。

地 址 台北市大安區羅斯福路二段 101 巷 9 號 1 樓
電 話 02-2369-0300
MAIL sunidea.com.tw@gmail.com
網 址 interior.tw

曾建豪、劉子瑜

PartiDesign Studio 曾建豪建築師事務所

PartiDesign Studio 善於利用不同木皮的顏色紋理及特性，將牆面當作一個藝術品來思考，在同質材料中靈活運用，展現出材質的另一風貌。同時強調精工設計，透過施工品質與細節來展現更吸引人的空間美學。

地 址 台北市大安區大安路二段 142 巷 7 號 1F
電 話 0988-078-972
MAIL partidesignstudio@gmail.com
網 址 www.facebook.com/PartiDesign

利培安．利培正

力口建築

力口建築創立於 2006 年，專研空間本質上的個別性，從環境、人文及材料等方面，細部探討合一的可能性，藉由發展為現代空間的多元性。

地 址 台北市復興南路二段 197 號 3 樓
電 話 02-2705-9983
MAIL sapl2006@gmail.com
網 址 www.sapl.com.tw

林哲緯、高采薇

Z 軸空間設計

Z 軸空間設計致力於研討簡單俐落同時附有高質感的設計概念，希望為居住者帶來更細緻的生活感受。

地 址 台中市南屯區文心南六路 167 號
電 話 04-2473-0606
MAIL zaxisdesign.ww@gmail.com
網 址 www.searchome.net/designerintro.aspx?id=25304

附錄 2 設計師

張惠靖

沐澄設計有限公司

如果，每個人描繪幸福的方式不一樣，每次需要的安慰總是不同，我們很樂意讓你盡情揮灑生活創意，也恣意想像。 不過，倒不如我們引領確實的方向與觀點，來的安心 · 自在！這一次，試著沉澱下來，靜靜品味我們提供無限的設計與創意，下次 · 每次 · 這次，你絕對會有另一種感受！

地 址 桃園市大興西路二段 267 號
電 話 03-302-2678
MAIL max.liu@yahoo.com.tw jack101583@gmail.com
網 址 www.pgd.com.tw

黃世光、李靖汶

日作空間設計

主要從事建築、景觀及室內空間設計，擅長解決原動線不佳的空間，重新規劃、打造自然風格與機能性的空間。

地 址 桃園市中壢區龍岡路二段 409 號 1F
電 話 03-284-1606
MAIL rezowork@gmail.com

吳秉霖、徐國棟、汪銘祥

法蘭德室內設計

擅長從居住者與房子間的感情開始作設計發想，法蘭德設計希望能為屋主創造出內容豐富且多元性的空間，無論是 Loft 風或簡約風，總能在每個空間中找到獨特性，並流露出屋主的人文氣質。

地 址 桃園市八德區中華路 33 號 1F
電 話 03-379-3818
MAIL amber3588@gmail.com
網 址 www.facebook.com/friend.interior.design/timeline

黃子綺

存果空間設計

以專業的創意思維，加上以人為本的設計思考，將格局、動線、機能重新整合安排，建構出符合使用者的舒適機能宅。

地 址 新竹市東區志平路 111 號 4 樓之 3
電 話 03-529-2088
MAIL joycehuang00@gmail.com
網 址 www.trengo.cm.tw

朱逸民

苑茂室內設計工作室

以業主的生活習慣與生活方式為基底，再以設計師的規劃專業為經，取業主對於風格氛圍的期待為緯，建構舒適自在、利於居住的「家」特別注重與業主的溝通對談，經由討論及互動，進而衍生替業主量身打造的發想與創意，完成最獨特的個人創意居家。

地 址 新竹縣竹北市中泰路 40 號
電 話 03-656-2281、0911-241-375
MAIL jack197867@gmail.com

周恆毅 · 黃雅萱 · 郭秉綸

沅境室內裝修有限公司

我們相信每個空間都有他原始的表情，每個人背著各自的回憶行囊入住，如何在空間與生活間達成良好的平衡？我們考量視覺、聽覺、嗅覺、觸覺所延伸出的空間氛圍，期望回報的是業主居住其中的自在與喜悅。

地 址 台北市士林區中正路 235 巷 13 號 3 樓
電 話 02-2883-7023
MAIL fountainids@gmail.com
網 址 www.fountain-interior-design.com

附錄 2

設計師

洪淑娜

頑渼空間設計

重視設計師與屋主的雙向溝通，頑渼設計以解決屋主使用需求及滿足生活方式為思考創作的基礎，強調以人為本的空間精神，透過專業設計手法調整格局，並運用材料、光線、色彩等營造空間美感，讓「美」自然容入居家生活。

地 址 台中市南屯區大墩四街 328 號
電 話 04-2296-4800、0918-872-949
MAIL container2007@gmail.com
網 址 www.facebook.com/WanmeiDesign

陳光哲、楊重志

澄橙設計

秉持著「通過空間設計帶給人們對美好事物感動」的理念，落實於每一次的空間案例，設計強調以人性為出發點，將藝術帶入生活，讓美感在心靈發芽茁壯，提升生活的質感。

地 址 台北市中山區北安路 578 巷 8 號 2 樓
電 話 02-2659-6906
MAIL chen2design.bruce@gmail.com
網 址 chen2design.com

謝維超

雲墨空間設計

強調空間以人為本，尊重使用者的個人特質與空間屬性，擅長動線規劃與格局配置，並著墨於材質、工法等極細微的細節，讓空間不只好用，也要好看才行！

地 址 新北市淡水區大仁街 6 巷 23 號 3F
電 話 0987-151-064
MAIL cloudpenstudio@gmail.com

陳詩涵

思維設計 Thinking Design

創立於 2012 年，承接室內、商空設計規劃，設計作品善於整合空間與機能的平衡性，不只強調單純的美感呈現，而是講究空間、機能、人員和永續關係同步思考，期待藉由妥善的設計規劃，讓環境更有人性、讓生活更加美好。

地 址 台灣台中市南屯區大英街 229 號 2 樓
電 話 04-23205720
MAIL threedesign63@gmail.com
網 址 www.thinkingdesign.com.tw

楊崇毅、劉鞠臻

原晨設計

「歡迎來我家！」希望每項個案完工後，屋主都能大聲向朋友介紹自己的理想好宅，我們想要帶給大家的不僅是形式上的美觀，而是充滿溫度的生活堡壘。我們的幸福公式：成就完美的設計＋屋主個人回憶填滿＝ 100% 美好日常夢想家。

地 址 新北市新莊區榮華路二段 77 號 21 樓
電 話 02-8522-2712
MAIL yuanchendesign@kimo.com
網 址 yc-id.com

羅意淳、洪斐甄

珞石室內裝修有限公司

依空間感受及使用者需求來重新定義空間格局，以使用者生活使用機能為前提，打造舒適的居家空間。

地 址 台北市赤峰街 33 巷 10-1 號 2 樓
電 話 02-2555-1833
MAIL hello@loqstudio.com
網 址 hello@loqstudio.com

附錄 2

設計師

王靜雯

實適空間設計

每一個家的進行，除了為最重要的居住者所規劃設計之外，其中都有我們蟄伏許久的想法呈現，我們想要一點一滴地說更多空間的可能性，跳脫制式的、市場性的空間設計公式，在需求、實用、美觀以及預算之間有更多的討論及對話，生活可以有很多種，空間也是。

地 址 台北市光復南路 22 巷 44 號
電 話 0958-142-839
MAIL sinsp.design@gmail.com
網 址 sinsp-design.blogspot.tw/

張益勝

賀澤室內裝修設計工程有限公司

擅長動線規劃、材質運用與整體搭配的賀澤設計，總是透過耐心溝通，以及為屋主解惑的方式來面對業主詢問，不僅有助於精準掌握屋主需求與喜好，且能更快速地達到共識，找出屋主專屬的風格與自在生活。

地 址 新竹縣竹北市自強五路 37 號 1 樓
電 話 03-668-1222
MAIL Hozo.design@gmail.com
網 址 www.facebook.com/HOZO.design

王琮聖

緯傑設計

秉持專業的空間規劃設計理念，堅持品質的責任施工態度，給予屋主舒適的居住環境，並強調與屋主之間的溝通，融合使用者的實際需求及品味喜好。

地 址 台北市和平西路二段 141 號 3 樓之 4
電 話 0922-791-941
MAIL formzgod@yahoo.com.tw

邱雅梅

達譽設計開發有限公司

室內設計最重要的，就是尋求家人般的信任感，才能放心託付「家」的設計，我們秉持對待家人的認真與熱忱態度，經由仔細溝通和表達後，運用專業知識進行規劃，完成屋主寄託。設計作品善於從女性細膩角度，處理居家設計規劃和細節呈現，營造舒適營然的生活居。

地 址 新竹市北區中山路 296 巷 6 號 1F
電 話 03-5260-682
MAIL dearyou.du100@msa.hinet.net
網 址 dearyou100.pixnet.net/blog

林志隆

懷特室內設計

一個新的材質或是材質的變化，都代表著設計本身的價值創造，透過這些細節與表現語彙所累積起來的品牌印象，成為我們希望創造一眼便看出的懷特式風格。

地 址 台北市信義區虎林街 120 巷 167 弄 3 號
電 話 02-2749-1755
MAIL takashi-lin@white-interior.com
網 址 www.white-interior.com

李植煒．廖心怡

裏心設計

相信每個空間都有它的屬性，任何一種材料都有它的歸屬，不同題材都會延伸出無限可能。尊重每個人對自己空間的詮釋，並藉由討論找出個人喜好與想法。

地 址 台北市中正區杭南路一段 18 巷 8 號 1 樓
電 話 02-2341-1722
MAIL rsi2id@gmail.com
網 址 www.rsi2id.com.tw/

附錄 2 設計師

蔡昀璋

耀昀創意設計

設計師擁有國外居住長達 15 年的生活經歷與堅實專業的建築設計學歷背景，並曾多次取得國外設計獎項。擅長透過色彩與設計，以細膩的建築思考模式設計室內空間，並且融入國外空間規劃的創新思維，打破傳統制式框架。

地 址 台北市萬華區莒光路 231 號 1 樓
電 話 02-2304-2126
MAIL thomas@alfonsoideas.com
網 址 www.alfonsoideas.com

許宏彰

德力室內裝修有限公司

德力室內裝修有限公司創始於 1988 年，提供專業且完善的室內設計整合服務。設計團隊本著發乎「誠」，止於「禮」的工作態度，大至格局配置，小至一花一草，務使以貼近業主的「同理心」，提供專業之室內設計服務。

地 址 台北市和平東路一段 258 號 8 樓
電 話 02-2362-6200
MAIL dldesign.service@gmail.com
網 址 www.dldesign.com.tw/

羅芳銘

築夢室內設計
將觀自在分為三個面向來闡述築夢心美學。觀人自在，來自於對屋主需求心意的洞察，觀心自在，主要呈現美學的意念；觀境自在，來自連結觀人與觀心的總合。築夢為居住者塑造的，是對屋主明心見性的體察，為居住者構築從心出發，讓心自由自在的夢想空間。從此爾後，身心安頓，歡喜自在。

地 址 台北市內湖區民權東路 6 段 146 號 10 樓
電 話 02-8791-8009
MAIL sugest0415@yahoo.com.tw
網 址 www.dreamerinteriordesign.com

洪韡華、李冠瑩

權釋設計

顛覆室內設計總是由設計師主導大權的刻板印象，在工作室創業初期，權釋團隊就以「權力釋放」為經營理念，站在客戶角度思考，引導屋主建構出心目中的理想家園。

地 址 台北市大安區安和路二段 32 巷 19 號
電 話 02-2706-5589

附錄 2 系統傢具廠商

三商美福

以專業、品質、熱忱的態度，為客戶提供系統傢具結合裝修服務，並以提供室內設計裝修服務，為客戶量身打造理想的美滿幸福居家空間。

地 址 台北市中山區建國北路二段 145 號 3 樓
電 話 0800-203-333
MAIL service@mh.com.tw
網 址 www.home33.com.tw

ed HOUSE 機能櫥櫃

總監 李冠緯 Keivn
ed HOUSE 使用來自歐洲板材之系統櫥櫃，逾 15 年的市場經驗，建立與設計公司良好的合作平台，並提供符合小家庭需求的輕裝修服務，是各大設計公司最愛用之系統櫃品牌。

地 址 台北市大安區安和路二段 32 巷 19 號
電 話 02-2704-7789
MAIL service@twcreative.net
網 址 http://www.ed-house.com/

安德康系統室內設計

目前在全省共有 5 家門市的安德康系統傢具，擅長將不同的機能整合，並利用合適的建材提升視覺美感，以系統傢具的搭配，將機能與美感整合到最佳狀態，創作出各種風格的居家樣貌。

地 址 台中市南屯區文心南路 102 號（台中店文心店）
電 話 04-2471-7711
MAIL www.anderkong.com

IKEA 宜家家居

1943年由 Ingvar Kamprad所創辦，店鋪自瑞典分布全球，於 1994年進駐台灣市場，目前在台灣北中南共有5家店。以提供種類繁多、靈活實用、價格低廉且具設計性與永續發展的居家用品為經營理念，希望能為大多數人創造更美好的生活。

地 址 新北市新莊區中正路 1 號（新莊店）
電 話 02-2276-5388
MAIL serviceHCS@IKEA.com.tw
網 址 www.ikea.com/tw/zh/

有情門

從木製傢具製作出口，而建立良好的工業製作基礎，1988 年創立自有品牌 STRAUSS 傢具，訴求台灣設計、台灣製造，2006 年成立「有情門」門市通路，藉由傢具在空間中配置的各項服務的過程，提案給消費者各種符合生活機能的傢具。

地 址 全台 15 間門市
電 話 04-25682193
MAIL service@macrom.com.tw
網 址 www.macromaison.com.tw

艾渥家居 iwood

致力生產快速組裝之裝修建材，涵蓋傢具應用快速組件，使裝修工程更快速，簡化現場施作流程。

地 址 台北市松山區 105 民生東路四段 112 巷 3 弄 7 號
電 話 02-2718-3280
MAIL rays.design@msa.hinet.net
網 址 http://www.iwoood.com/

附錄 2

系統傢具廠商

綠的傢俱

綠的傢俱成立於民國 73 年，首創一家購買、全省服務，擁有完整的倉儲運送系統，提供客戶完整的售前及售後服務。人性化的系統傢具，目前全省共有 32 家門市，提供免費丈量規劃以及一家購買全省服務的服務，此外，還包含皺內裝潢設計、規劃與施工，另也有販售傢具傢飾相關產品。

地　址 新北市八里區忠孝路 406 號
電　話 0800-034-168、02-2610-6207
MAIL services@greengroup.com.tw
網　址 http://green-furniture.com.tw/

伸保木業

台灣設計、台灣訂製的傢俱品牌 SHENBAO；巧妙利用對於生活的積極熱忱及觀察，讓空間處處都充滿著驚奇與巧思；創新的活力賦予了傳統工藝新姿態，不斷嘗試充滿原創性與人文意涵的設計，領先預想為每個人滿足對於理想歸屬空間的需求及渴望。SHENBAO「讓工藝展現、夢實現」。

地　址 台中市龍井區忠和里工業路 182 巷 3 號
電　話 04-2630-8785
MAIL regina@shenbao.com.tw
網　址 www.shenbao.com.tw

歐德傢俱

從系統傢俱起家，設計出與國際同步流行機能美學兼具的現代傢俱，同步引進兒童青少年傢俱、綠色床墊、沙發等，為消費者量身打造居家生活美學。首推「健康綠建材」，主張健康、環保、無毒的系統傢俱，讓台灣民眾享受來自德國的高品質生活；板材獲得綠建材標章、綠色床墊獲得環保標章與台灣精品獎，為全台唯一、歐德 MIT 沙發榮獲 IF 設計大獎、品牌深受消費者滿意與信任連年榮獲「信譽品牌」金獎。

地　址 新北市林口區文化一路一段 84 號
電　話 0800-033-988
MAIL order@order.com.tw
網　址 http://www.order.com.tw/

富美家集團

領先全球的百年企業，持續針對消費者的需求與喜好，不斷研發創新的美耐板表面飾材，從功能性產品至時尚流行，提供最好的產品與高品質服務，滿足各個空間的需求。通過健康綠建材、碳減量標籤等多項認證，從生產到使用，不僅減少對全球環境的影響，也是提升室內環境品質的優良建材。

地　址 台北市中山區南京東路三段 68-70 號 6 樓
電　話 0800-088-199
MAIL service.tw@formica.com
網　址 www.formica.com/zh/tw

歐爵系統家具設計

融入濃郁的現代情感與科技生活的智慧，將家居設計昇華為美學創作，展現無窮的生命力，既能擁有現代化的居家設備外，還能兼具實用性和美觀性。

地　址 台北市北投區承德路七段 98 號
電　話 02-2827-3177
MAIL www.oceano.com.tw

愛菲爾

以專業、品質、熱忱的態度，為客戶提供系統傢具結合裝修服務，並以提供室內設計裝修服務，為客戶量身打造理想的美滿幸福居家空間。

地　址 台北市中山區建國北路一段 35-1 號 1 樓
電　話 02-2721-2620
MAIL eiffel@eiffelnet.com.tw
網　址 www.eiffel.tw

國家圖書館出版品預行編目資料

圖解完全通 13
圖解系統傢具裝潢術
輕鬆住進跟雜誌一樣美的家
／漂亮家居著
－－初版－－臺北市；麥浩斯出版；
家庭傳媒城邦分公司發行，2016.4
面；　公分－－圖解完全通 13
ISBN 978-986-408-147-9
1. 室內設計
422.3　105003942

圖解完全通 13

圖解系統傢具裝潢術

輕鬆住進跟雜誌一樣美的家

作者｜漂亮家居編輯部
責任編輯｜王玉瑤
採訪編輯｜王玉瑤、余佩樺、許嘉芬、陳佳歆、蔡竺玲、鄭雅分、鍾侑玲
封面 & 版型設計｜Echo Yang
美術設計｜梁淑娟
行銷企劃｜呂睿穎

發行人｜何飛鵬
總經理｜李淑霞
社長｜林孟葦
總 編 輯｜張麗寶
叢書副主編｜楊宜倩
叢書副主編｜許嘉芬

出版｜城邦文化事業股份有限公司 麥浩斯出版
地址｜104 台北市中山區民生東路二段 141 號 8 樓
電話｜02-2500-7578
傳真｜02-2500-1916
E-mail｜cs@myhomelife.com.tw

發行｜英屬蓋曼群島商家庭傳媒股份有限公司城邦分公司
地址｜104 台北市民生東路二段 141 號 2 樓
讀者服務專線｜02-2500-7397　0800-033-866
讀者服務傳真｜02-2517-0999
訂購專線｜0800-020-299（週一至週五 AM09:30 ～ 12:00；PM01:30 ～ PM05:00）
劃撥帳號｜1983-3516
劃撥戶名｜英屬蓋曼群島商家庭傳媒股份有限公司城邦分公司

香港發行｜城邦（香港）出版集團有限公司
地址｜香港灣仔駱克道 193 號東超商業中心 1 樓
電話｜852-2508-6231
傳真｜852-2578-9337
電子信箱｜hkcite@biznetvigator.com

馬新發行｜城邦（馬新）出版集團 Cite (M) Sdn. Bhd
地址｜41, Jalan Radin Anum, Bandar Baru Sri Petaling,
57000 Kuala Lumpur, Malaysia.
電話｜603-9057-8822
傳真｜603-9057-6622

總 經 銷｜聯合發行股份有限公司
電話｜02-2917-8022
傳真｜02-2915-6275

製版印刷｜凱林彩印股份有限公司
版次｜2021 年 6 月初版 5 刷
定價｜新台幣 399 元整

Printed in Taiwan

ISBN 978-986-408-147-9